U0190977

电动飞机
适航技术

张 磊 徐 海 宋晓明 陈 磊 马 松 盖 迪 ｜ 著
王艳红 樊馨月 丁 丽 尹 崇 陈彦合 王 欢

机械工业出版社

本书介绍了航空器适航、适航规章和型号合格审定、符合性验证方法的基本概念和基础知识。作者结合多年来电动飞机型号审定与符合性验证经验，针对电动飞机结构及其审定工作，分析电动飞机电推进系统的结构及其特征；根据电动飞机锂电池相关技术适航审定标准，分析航空锂电池的相关适航验证过程；根据电动飞机电推进系统相关适航审定标准；分析电动飞机电推进系统、锂电池、驱动电机及控制系统符合性验证实施具体过程、试验方法。本书还对电动飞机电推进系统的各项符合性验证试验过程及其相应的试验合格判据做了详细介绍，力求为我国电动飞机从业人员提供参考依据。

本书适合企事业单位、高等院校从事电动固定翼、电动旋翼飞机的适航管理、审定和适航符合性验证工作的工程技术人员、本科与研究生教学人员，以及飞机适航取证工作人员参考阅读。

图书在版编目（CIP）数据

电动飞机适航技术 / 张磊等著. -- 北京 ： 机械工业出版社，2024.12. -- ISBN 978-7-111-77149-4

Ⅰ. V237

中国国家版本馆 CIP 数据核字第 20245711C9 号

机械工业出版社（北京市百万庄大街22号　邮政编码100037）
策划编辑：李万宇　　　　　　　　责任编辑：李万宇
责任校对：樊钟英　梁　静　　　　封面设计：鞠　杨
责任印制：常天培
北京科信印刷有限公司印刷
2024年12月第1版第1次印刷
169mm×239mm · 12.75印张 · 3插页 · 206千字
标准书号：ISBN 978-7-111-77149-4
定价：89.00 元

电话服务　　　　　　　　　　网络服务
客服电话：010-88361066　　机 工 官 网：www.cmpbook.com
　　　　　010-88379833　　机 工 官 博：weibo.com/cmp1952
　　　　　010-68326294　　金 书 网：www.golden-book.com
封底无防伪标均为盗版　　机工教育服务网：www.cmpedu.com

前　言 ——————————————

PREFACE

　　近年来，全球范围内兴起交通运输领域的绿色低碳革命，电动飞机因使用电推进系统代替内燃机动力，具有绿色环保、高效节能、噪声和振动水平低、乘坐舒适性高等优点，在航空产业绿色低碳转型中展示出巨大应用潜力。自中国民用航空局在《中国民用航空发展第十三个五年规划》中首次提出"推动新能源飞机发展"以来，我国已成功研制多种电动航空器机型，在"十四五"期间诸多政策文件中多次提出"绿色航空、低空经济"等，许多都涉及飞机电推进系统相关领域。

　　本书由中国民用航空沈阳航空器适航审定中心组织筹划，根据沈阳航空航天大学及辽宁通用航空研究院等多家单位的研究成果及型号飞机适航资料进一步撰写而成。本书针对当前正常类飞机电推进系统及关键设备在 CAAC 型号合格审定过程中的符合性验证要求，系统阐述了电动飞机电推进系统结构设计及特点、符合性验证思路，提出了包括电推进系统、锂电池、驱动电机及控制系统的适航审定标准、条款符合性验证方法和条款审查要点等。本书的出版为国产通航类电动飞机的适航审定提供技术支持，也为建立健全适航验证规范体系做出探索。

　　本书共分 7 章，其中，第 1 章绪论及第 4 章电动飞机电推进系统相关技术适航审定标准，由中国民用航空沈阳航空器适航审定中心张磊、徐海、丁丽，沈阳航空航天大学飞行器适航技术专业盖迪、陈磊共同完成；第 2 章电动飞机电推进系统及第 3 章电动飞机锂电池适航验证标准，由中国民用航空沈阳航空器适航审定中心张磊、徐海、马松、王艳红，沈阳航空航天大学飞行器适航技术专业盖迪、陈磊、王欢，辽宁通用航空研究院樊馨月共同完成；第 5 章设备验证试验及第 6 章系统试验，由中国民用航空沈阳航空器适航审定中心徐海、尹崇、陈彦合，沈阳航空航天大学飞行器适航技术专业陈磊、王欢，辽宁通用航空研究院宋晓明共同完成；第 7 章新能源电动飞机技术发展趋势，由中国民用航空沈阳航空器适航审定中心张磊、徐海，辽宁通用航空研究院宋晓明、樊馨月共同完成。

由于笔者的水平有限，书中难免存在不妥之处，希望广大读者提出批评和改进意见。

目　录

CONTENTS

第 1 章

绪　论

1.1　航空器适航性的概述与内涵

民用航空器的设计、制造、使用和维修必须兼顾安全、经济、舒适和环保各方面的要求。没有安全，效能就无从谈起。民用航空器效能管理的根本目标是确保民用航空产品及其部件，在航空器设计、制造、使用和维修的全生命周期内满足航空器效能体系的要求，并确保其达到航空器安全体系所要求的最低水平。

1.1.1　适航概述

适航性是有关航空器自身属性的一个专用术语，在英语中表述为"Airworthiness"，牛津词典将其定义为"fit to fly"，中文意为"适于飞行"。随着时代的发展，各国对于适航性的定义也发生了一定的变化。1980 年，美国科学院在《改进航空安全性》报告中给出了适航性的定义：适航性是指在预期的使用环境中，在遵守经过申明且被核准的使用限制的情况下，航空器能够保持其组件和子系统的安全性和物理完整性。1983 年，日本官方在《航空宇宙辞典》一书中将适航性定义为：从确保安全性的角度出发，保证民用航空器的性能强度、构造特性、装备程度以及方法的总称。1992 年，德国联邦航空管理局（LBA）对适航性的定义进行了进一步的补充说明，表示航空器需要在设计和制造上符合可接受的安全标准，并在达到预期使用环境和核准限制的要求下，具备与批准大纲一致的维护标准。

尽管各国对于适航性的定义不尽相同，但其描述的核心思想具有以下共同特点：

1）它们都以实际飞行过程中必须达到的安全性为基础。

2）逐渐强调综合因素作为一个整体抽象概念，反映涉及飞机安全的各部件和子系统的综合安全质量，以及整体性能和控制特性。

3）强调适航性所限制的条件是特定的，例如涵盖速度、飞行高度、环境温度等。当使用限制发生改变时，航空器原本的适航性便不被承认。

4）逐步扩展到保持动态系数和连续运行情况。

5）外延由民用航空器及军事、海关、警察等部门使用的国家航空器，逐渐推广到军用航空器。

一般来说，适航性是指飞机适应 / 适合飞行的能力，是飞机的一种固有属性。适航性通常体现在技术和管理两个方面。在两个方面中，技术占据首要方向，主要体现在系统安全和物理完整性上；而关于管理方面，主要体现在技术状态管理和过程控制上。

"适航"这一概念的产生，既不是理论方面的需要，也不是实践方面的需要，而是基于公众利益产生的。在航空技术发展的起步阶段，由于其体系存在不完整性，导致事故多发。彼时，公众要求政府禁止所有存在安全隐患的飞行行为。为了确保民众生命安全这一根本利益，适航技术应运而生。另外，在民航实践过程中，民用航空器的发展必须在尊重法律法规的前提下进行。

1.1.2　适航内涵

在业内，人们常说："离地三尺，就有适航。"航空不仅包括民用飞机，还包括国家飞机（军用、警用、海监、应急救援行动）。适航性通常可分为初始适航性和持续适航性两种，其本质的区别在于有效时间的不同。初始适航性是航空器在交付使用之前，适航管理部门依照各类适航审定标准以及对应条款、规范，以颁发型号合格证、生产许可证和适航证为前提，对航空产品的设计、制造过程进行监督审查，使航空产品具有良好的使用性能；持续适航性是存在于飞机交付使用之后的全生命周期内，需依照各类适航标准以及生命周期内的相关数据对其进行使用、维护、维修和改进等方面标准的一种审定行为，其核心在于保证飞机在运行过程中的安全性。换言之，初始适航是航空器成功飞行的源头，而持续适航是航空器在其全生命周期内成功飞行的必要条件。

1.2 适航管理组织机构

适航管理体系是指在国家层面对民用航空器的设计、制造等方面进行管理的一种体系，其主旨在于确保民用航空产品的安全性，是由适航各相关要素构成的有机整体，主要由适航管理组织机构和适航法规体系组成。其中适航管理组织机构主要承担开展适航工作的组织保障。

1.2.1 国际民用航空组织与适航要求

国际民用航空组织（International Civil Aviation Organization，ICAO）于1947 年正式成立，是以空中航行国际委员会（International Commission for Air Navigation，ICAN）为基础成立的。在 1919 年《巴黎公约》发布的背景下，空中航行国际委员会应运成立。第二次世界大战期间，由于需要运输大量战时物资，形成了一个包括客运运输在内的巨大的航线网络，对航空技术的发展起到了巨大的推进作用。在民用航空业飞速发展的同时，也产生了一系列急需国际社会协商解决的政治和技术问题，因此美国政府于 1944 年，邀请了包括中国在内的 50 多个国家在芝加哥召开了国际会议，在会议期间制定了《国际民用航空公约》（简称《芝加哥公约》），依此公约建立了"国际民用航空组织"，将其总部设置在加拿大的蒙特利尔。截至目前，ICAO 的缔约国已经达到了 190 个国家或地区。国际民用航空组织和《国际民用航空公约》对其所属的缔约国的适航管理提出了明确的要求，所有缔约国必须依照其要求展开适航管理工作。

1971 年 10 月 25 日，第二十六届联合国大会通过 2758 号决议，恢复中华人民共和国在联合国的合法席位。1971 年 11 月 19 日，ICAO 理事会承认了中华人民共和国在 ICAO 的合法权益及其唯一合法代表地位。1974 年 2 月，中国政府致函 ICAO，承认《芝加哥公约》并恢复参与 ICAO 活动。1974 年 9 月，在ICAO 第二十一届大会上，中国当选为第二类理事国。经过三十年的努力，中国于 2004 年 9 月的 ICAO 第三十五届大会上被推选为第一类理事国。

国际民用航空组织自创立以来，一直致力于制定国际航行的原则和技术，促进国际航空运输的发展，并以此作为其自身发展的动力。其核心工作内容：为了确保全球民用航空的安全和有序发展，鼓励以和平发展为目标的航空器技术设计和运行；鼓励各国建立国际民用航空的航路、机场和导航设施，以满足人们对安全、有效和经济的航空运输的需求；致力于防止因恶意竞争导致的资源浪费，并确保缔约国的权利得到尊重，避免不公平待遇的发生；努力提高国际航空飞行安全，同时促进国际民用航空的全面发展。

ICAO 旗下的出版物可分为以下两类：

1）经理事会进行批准后出版的，例如国际标准、建议措施、会议最终报告、空中导航服务程序、补充程序、地区计划等资料。

2）ICAO 内部依据理事会所批准的原则和政策，由秘书长授权编写、批准出版的资料，例如外场手册、国际民用航空通告、空中航行计划、技术手册等。

上述出版物为 ICAO 所属缔约国提供在国际航行中所需遵守的标准，同时为执行上述标准提供可被接受的符合性验证方法。《国际民用航空公约》作为国际民用航空的基本法，其附件包括了 ICAO 制定的各种国际标准以及建议措施。同时，ICAO 也在不断地修改公约附件内容，力求做到公约内容顺应民用航空业的发展而改变。

1.2.2　适航管理工作的特点

民用航空作为世界上使用广泛的运输产业，要确保其在运行过程中的安全性是毋庸置疑的，因此世界上凡是涉及航空运输相关产业的国家，几乎均设立了相应的民用航空适航管理机构。虽然由于各国国情之间的差异，这些机构规模各异、名称各异，但其核心作用都是为了确保民用航空的安全。目前，较典型的有美国联邦航空管理局（Federal Aviation Administration，FAA）和欧洲航空安全局（European Aviation Safety Agency，EASA）。其中，FAA 不仅具有适航管理方面的法规制定职能和适航审定职能，同时还具有强大的标准化职能，在国际航空标准组织中占据着主导地位，为国际航空标准化做出了卓越贡献；EASA 则是为了适应空客公司飞机的发展和欧盟的航空一体化领域的建设而发展起来的。

目前，可根据管理工作性质，将我国的适航管理机构划分为以下三类：

1）立法、制定适航标准的审定部门，其主要工作是依据国家所颁布的《中华人民共和国民用航空法》（简称民航法）中相关要求，制定颁布各类与航空安全相关的技术与管理的适航标准、规章、规则、指令和通告等文件。

2）负责进行相关适航证件颁发的部门，其主要工作是以颁发适航证件为前提，依据立法部门所制定的各项适航标准，对民用航空器的研制、使用和维修进行监管，检验民用航空器对标准的执行程度或对标准要求的符合性。

3）监督检查适航部门，其主要负责颁证前的合格审定和颁证后的监督检查，旨在促进民用航空产品设计、制造、使用和维修的单位或个人遵守适航标准，提升航空产品全生命周期内的安全性。

1.2.3 CAAC 适航管理机构

根据《中华人民共和国民用航空法》和《中华人民共和国适航管理条例》，我国将民用航空器的适航管理工作交由中国民用航空局（简称民航局）负责。民航局负责制定和颁布适航标准及规定，对民用航空器在设计、制造、使用、维修以及退役的全过程中进行合法性鉴定、监督、检查和管理，以确保航空器在整个使用寿命内的飞行安全。

1982 年，民航局成立了航空工程司。1987 年，在此基础上成立了航空器适航管理司，并于 1988 年更名为航空器适航审定司。1987 年，西南管理局设立了航空器适航处，随后，各管理局陆续设立了航空器适航处。在 1989 年至 1993 年期间，民航局相继成立了上海、西安、沈阳和成都的航空器审定中心。1992 年，民航局在原民航北京航空科学技术研究所的适航室、维修工程室和适航信息资料室的基础上组建了航空器适航中心，后该中心并入了民航局安全技术中心（简称安技中心）。2002 年前后，民航局进行了体制改革，撤销了沈阳、西安、上海和成都的航空器审定中心，并在东北、西北、华东、华北、西南和中南地区管理局设立了适航审定处，在新疆管理局设立了适航处。2007 年起，随着我国民用航空工业的发展需要，民航局重新设立了上海和沈阳的航空器适航审定中心等机构。目前，我国适航审定系统已形成由地区管理局的审定处（适航处）、适航审定中心及其他支持机构组成的体系，共有适航审定监察员和工程师 400 余人，我国适航审定系统的机构如图 1-1 所示。

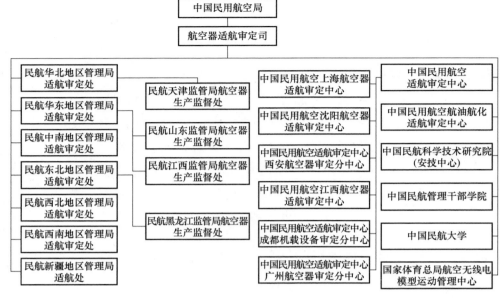

图 1-1 我国适航审定系统的机构

1. 航空器适航审定司

航空器适航审定司是民航局内负责管理航空产品初始适航的部门，主要职责包括以下六个方面：

1）适航规章和标准的起草：编写相关航空产品的法律、规章、政策和标准。

2）适航审定：负责民用航空产品的相关合格审定工作。

3）国籍登记管理：负责民用航空器的国籍登记和注册。

4）适航证件管理：负责各类适航证件的管理工作。

5）证后管理：负责民用航空器后续的改装、维修方案的审批与航空事故的调查工作。

6）委任代表管理：审核和管理适航审定的委任代表和单位代表。

2. 地区管理局适航审定处（适航处）

民航局下设华北、华东、中南、东北、西北、西南、新疆七个地区管理局，除新疆管理局下设适航处外，其他管理局均设适航审定处。适航审定处（适航处）主要负责：航空产品及其零部件的生产批准审查和适航性检查，对持证人进行监督管理，相关型号航空器适航指令的颁发管理及延期、豁免，以及航空

器加改装和重大特修方案的工程批准等。

3. 适航审定中心

为适应国内民用航空工业的发展需求，2007 年，中国民用航空上海航空器适航审定中心（简称上海审定中心）和中国民用航空沈阳航空器适航审定中心（简称沈阳审定中心）成立，分管运输类飞机、小型飞机和旋翼机的型号合格审定。这两个中心分别直属于华东和东北地区管理局，业务上接受民航局航空器适航审定司的监督指导。

2010 年，中国民用航空航油航化适航审定中心（简称航油航化审定中心）经民航局批准在成都正式成立，负责航空油料和化学产品的适航审查，业务上接受民航局适航审定司的指导。

2014 年，为了进行民用航空发动机、螺旋桨以及辅助动力装置的型号合格审定，民航局于北京成立了中国民用航空发动机适航审定中心（简称发动机审定中心）进行上述类别的审定工作。发动机审定中心于 2016 年更名为中国民用航空适航审定中心（简称适航审定中心），同时开始对上海和沈阳审定中心的工作进行统筹管理。同年，西安航空器适航审定分中心（简称西安审定分中心）于西安市正式成立，作为适航审定中心的一个分支机构。

2018 年，江西省为了促进本省内民用航空器的发展，在获得民航局批准后正式在江西成立了中国民用航空江西航空器适航审定中心（简称江西审定中心）。江西审定中心与其他审定中心不同，仅负责江西省内正常类、实用类和通勤类飞机及旋翼航空器的型号合格审定工作。

2022 年，适航审定中心在成都和广州成立了两个分支机构：成都机载设备审定分中心（简称成都审定分中心），负责国产机载设备技术标准规定项目设计批准审查；广州航空器审定分中心（简称广州审定分中心），接替沈阳审定中心的小飞机型号合格审定工作。

目前，各审定（分）中心的主要职责及分工如下：

1）适航审定中心：负责民用航空发动机及螺旋桨的型号合格审定及证后管理；管理上海、沈阳、江西审定中心和西安、成都、广州审定分中心。

2）上海审定中心：负责运输类飞机（涡桨飞机除外）型号合格审定及证后管理；管理国产飞机的补充型号合格审定及进口机载设备设计批准（航电类除外）。

3）沈阳审定中心：负责正常类和运输类旋翼航空器的型号合格审定及证后管理（江西省除外）；管理国产航空器补充型号合格审定及进口机载设备设计批准（航电类除外）。

4）江西审定中心：负责江西省内正常类、实用类、特技类、通勤类飞机及旋翼航空器的型号合格审查及证后管理。

5）西安审定分中心：负责运输类涡桨飞机的型号合格审定及证后管理；管理国产飞机的补充型号合格审定及进口机载设备设计批准（航电类除外）。

6）成都审定分中心：负责航电类国产机载设备的技术标准规定项目批准及设计批准认可；管理安装进口航电类机载设备的国产飞机。

7）广州审定分中心：负责正常类、实用类、特技类、通勤类飞机（江西省除外）的型号合格审定及证后管理；管理国产飞机的补充型号合格审定及进口机载设备设计批准（航电类除外）。

同时，各中心还承担适航符合性方法研究、适航审定新技术研究、适航标准及相关文件制定（修订）、适航指令管理和编发、民用航空产品重复多发性安全事件工程评估分析研究等工作。各审定中心型号合格审定工作分工见表 1-1。

表 1-1   各审定中心型号合格审定工作分工

审定中心	型号合格审定工作分工
适航审定中心	发动机、螺旋桨
上海审定中心	运输类飞机（涡桨飞机除外）
沈阳审定中心	正常类和运输类旋翼航空器（江西省除外）
江西审定中心	江西省内：正常类、实用类、特技类、通勤类飞机；正常类、运输类旋翼航空器
西安审定分中心	运输类涡桨飞机
成都审定分中心	航电类机载设备
广州审定分中心	正常类、实用类、特技类、通勤类飞机（江西省除外）

4. 其他支持机构

除上述机构外，中国民航科学技术研究院（安技中心）、中国民航管理干部学院、中国民航大学、国家体育总局航空无线电模型运动管理中心等单位，承担着协助民航局进行航空器适航审定和环保相关法规、标准、程序和方法的研究和起草，对民用航空产品及其零部件进行适航管理，组织开展适航领域教育培训，以及参与无人机等项目适航审定等工作职责。

1.3　国内电动飞机概览

1.3.1　辽宁通用航空研究院的电动飞机

RX1E 飞机是中国首款新能源双座通用飞机。这款飞机采用纯锂电池驱动，机身采用复合材料，具有低噪声、低振动、低碳和无污染等特点，非常适用于高精度航测。RX1E 于 2013 年 6 月首飞，2015 年 2 月获得型号设计批准书（Type Design Approval，TDA），并于 2015 年 12 月取得生产许可证（Production Certificate，PC）。

RX1E-A 是 RX1E 的增程型，通过提升锂电池能量密度和优化结构设计，将续航时间延长至 2h30min，符合欧盟电动轻型飞机续航要求，并配备整体式降落伞。RX1E-A 于 2017 年 11 月 1 日首飞，2018 年 10 月 19 日获得型号合格证（Type Certificate，TC），2019 年 4 月 11 日取得生产许可证（Production Certificate，PC）。

RX1E-S 是世界上首款浮筒式双座水上电动飞机，是在 RX1E-A 基础上改进而来，增加了电动力系统功率，采用双浮筒式水上起落装置，并采用碳纤维三叶螺旋桨和低水阻力浮筒设计。这款飞机适用于水资源丰富、生态保护要求高的区域。RX1E-S 于 2018 年推出概念验证机，并于 2021 年 12 月 31 日取得型号合格证。

RX4E 飞机采用高效电推进系统和碳纤维复合材料，具有节能、环保、高可靠性和低运行成本的特点。其起飞重量 1260kg，航程 300km，续航时间 1.5h，适用于短途运输和多种其他用途。该飞机于 2019 年 11 月 11 日开始型号合格审定工作，预计 2024 年年底取得型号合格证。

辽宁通用航空研究院（Liaoning General Aviation Academy，LGAA）设计生产的以上电动飞机如图 1-2 所示。

a) RX1E

b) RX1E-A

c) RX1E-S

d) RX4E

图 1-2   锐翔 RX 飞机

1.3.2   小鹏汇天的电动飞机

旅航者 T1 全长 5.46m，高 2.18m，空载重量 230kg，最大功率 80kW，最大载重 700kg，能搭载两人，最高时速 72km/h。电池充电 3h 可续航约 30min，理论飞行高度可达 3000m，支持 4~25m 超低空飞行，能在单车位垂直起降。2019 年，旅航者 T1 成功试飞并获得了单兵飞行冠军、IF 奖、红点奖和 IDEA 奖等奖项。

旅航者 X1 由小鹏汇天于 2020 年研发，是第四代智能电动载人飞行器，主要用于飞行员培训、设备测试及数据收集。其重量 240kg，核定载重 150kg，最大载重 200kg，续航时间 18~25min，飞行高度 1000m 以下，抗风等级 5 至 6 级，最高时速 120km/h。2020 年 11 月，旅航者 X1 成功试飞。

旅航者 X2 是小鹏汇天研发的双人智能电动飞行汽车，空重 680kg，最大载重 160kg，续航时间 25min，飞行高度 1000m，最高时速 130km/h，具备自动驾驶、雷达测距和感知避障等技术。机臂可折叠，全机采用碳纤维结构。2021 年 6 月旅航者 X2 首飞成功，7 月进行载人首飞。2023 年 7 月，小鹏汇天提交了自研航姿基准系统（Attitude and Heading Reference System，AHRS）适航取证申请，当年 8 月 7 日获得受理。

陆地航母 X3 分为可自动分离的"陆行体"和"飞行体"两部分，陆行体可收纳飞行体并地面行驶，座舱容纳 2~5 人，搭载增程式电驱动力系统，为飞行体多次补能。采用三轴六轮设计，实现 6×6 全轮驱动及后轮转向。陆地航母的型号审定分别进行：陆行体按国家汽车强制性标准认证；飞行体的型号合格证（TC）申请于 2024 年 3 月 21 日获得民航中南地区管理局受理。

小鹏汇天的旅行者系列电动飞机如图 1-3 所示。

a) 旅航者T1

b) 旅航者X1

c) 旅航者X2

d) 陆地航母X3

图 1-3 旅行者系列电动飞机

1.3.3 亿航智能的电动飞机

EH184 是全球首款纯电动低空中短途自动驾驶飞行器（Autonomous Aerial Vehicle，AAV），配备 8 个螺旋桨和 4 支外伸机臂，100% 纯电力驱动，额定载重 100kg，巡航速度 100km/h，海平面续航 23min。EH184 飞机于 2016 年 1 月 6 日在国际消费类电子产品展览会（Consumer Electronics Show，CES）首次亮相，并于 2017 年 2 月与迪拜道路与交通管理局合作，进行多项适应性飞行测试。2017 年 8 月，EH184 通过 AS9100 国际航空航天行业质量认证。

EH216-S 是一款两人座的全智能无人驾驶飞行器，长 6.05m，宽 5.73m，高 1.93m，由 16 个螺旋桨组成。其最大起飞重量 650kg，最大飞行速度 130km/h，最大续航 30km 或 25min，能够垂直起降，主要在低空空域运行。通过地面指挥调度系统，可实现多架航空器的井然有序飞行。2021 年初，民航局受理 EH216-S 型号合格证申请，2022 年 2 月 9 日发布《EH216-S 型无人驾驶航空器系统专用条件》。2023 年 8 月，EH216-S 完成全部符合性试验试飞，并于 2023 年 12 月 21 日获得民航局颁发的标准适航证。成为全球首个获适航证的无人驾驶载人电动垂直起降（electric Vertical Take-off and Landing，eVTOL）飞行器。

亿航智能电动飞机如图 1-4 所示。

a) EH184　　　　　　　　　　　b) EH216-S

图 1-4　亿航智能电动飞机

1.3.4　吉利科技集团的电动飞机

AE200 是一款采用纯电驱动的具备垂直起降和固定翼平飞能力的有人驾驶航空器，采用分布式电动升力/推力系统设计。该型航空器通过多旋翼模式实现垂直起飞和降落，具备在以各类型直升机场和专用起降设施为代表的基础设施上垂直起降的能力，能够以固定翼飞行模式实现长航时巡航。最大起飞重量 2500kg，任务巡航速度 248km/h，最大平飞速度 320km/h，最大飞行高度 1000m（AGL）、3000m（MSL），最大航程 200km，长 9.1m，宽 14.5m，高 3.5m。2022 年 11 月 22 日，吉利科技集团四川沃飞长空科技发展有限公司向民航局提交了 AE200 项目的型号合格证（TC）申请书。2023 年 12 月 1 日，民航局正式颁布了《沃飞 AE200-100 型电动垂直起降航空器专用条件》。

Transition（TF-1）是一款采用混合动力技术，机身以复合材料为主，设计最大起飞重量约 850kg，巡航速度 167km/h，巡航高度 3000m，航程 670km，可搭载两人的飞行汽车。TF-1 造型独特，兼顾了地面驾驶和空中飞行需求。在公路上，两侧的折翼收起，满足城市道路工况可正常行驶；折翼展开后，又能为飞行器带来航行的能力，兼顾了地面驾驶和空中飞行需求。2021 年 1 月 15 日，TF-1 获得美国联邦航空管理局（FAA）适航证。

VoloDrone 是一款无人驾驶的全电动通用无人机，整机机身直径 11.15m，总高度 2.35m，最大载荷 200kg，航程 40km，巡航速度 80km/h，最高速度 110km/h，于 2021 年世界智能交通大会（ITS World Congress 2021）上顺利完成了首次公开飞行。

VoloCity 被称为"空中出租车"，具有噪声低、零排放的特性，能够避免拥堵街道导致的出行难题。其 18 个旋翼均在低频率范围内运转，产生的噪声能在很大程度上相互抵消，比小型直升机的噪声要低得多。VoloCity 空中出租车配置多个冗余系统，具备失效安全保护功能。整机机身直径 11.3m，总高度 2.5m，最大载荷 200kg，航程 35km，运营空机重量 700kg，最高速度 110km/h。2023 年 2 月 21 日，VoloCity 空中出租车的型号认证申请程序在日本启动。

吉利科技集团的电动飞机如图 1-5 所示。

a) AE200

b) Transition

c) VoloDrone

d) VoloCity

图 1-5　吉利科技集团电动飞机

1.3.5　峰飞航空科技的电动飞机

V2000CG 采用全复合材料一体成型机体结构形式，复合翼翼面布局，最大旋翼飞行高度 2800m，最大固定翼飞行高度 3000m，整机长 11.2m，翼展长14.5m，高度 3.4m，最大起飞重量 2t，纯电动力，自主驾驶，运载能力等同小型直升机，适用航程 200km，主要用于低空物流、紧急物资运输和应急救援。2023 年 4 月，V2000CG 合格审查组批准了峰飞 V2000CG 型号无人驾驶航空器系统审定计划（Certification Plan，CP）和审定基础条款符合性检查单（初稿）。中国民航局于 2023 年 5 月发布了《V2000CG 型无人驾驶航空器系统专用条件（征求意见稿）》，2023 年 11 月发布了最终的专用条件，全面确定了适用于 V2000CG 型号新颖独特设计特点和运行风险水平的适航要求。2024 年3 月，按照民航管理程序和型号审定计划，V2000CG 型号全部符合性验证试验及审查组目击工作顺利完成，型号设计和符合性验证文件均获得批准。2024年 3 月 22 日，民航华东地区管理局颁发了 V2000CG 无人驾驶航空器系统型号合格证（TC）。

峰飞航空科技的 V2000CG 电动飞机如图 1-6 所示。

图 1-6　V2000CG 电动飞机

1.3.6　御风未来的电动飞机

Matrix1 电动垂直起降飞行器采用复合翼构型，装备有 20 个旋翼，最大载重量 500kg，可搭载 5 人。其巡航速度可达 200km/h，设计航程为 250km。Matrix1是我国首款完全自主研发并国产化的 2t 级电动垂直起降飞行器，在电动系统、飞控系统和复合材料方面均实现了国产化。2023 年 9 月，Matrix1 正式启动首轮飞行测试。在 30 多天的时间内迅速推进，完成全动力地面测试、电磁兼容测试、全动力空中测试、气动伺服弹性测试、动力系统失效模式测试、悬停试飞、低速飞行试飞等多个重大测试项目并成功首飞。

御风未来的 Matrix1 电动飞机如图 1-7 所示。

图 1-7 Matrix1 电动飞机

1.3.7 时的科技的电动飞机

E20 eVTOL 电动飞机为倾转旋翼构型，设计最大航程达 200km、巡航速度达 260km/h，最快时速 320km/h。作为一款纯电驱动的飞机，E20 eVTOL 采用电机和电气化架构设计，简化动力传输方式，让飞行更加便捷和安全。采用大直径低转速 5 叶螺旋桨，大幅降低飞行噪声。2023 年 10 月，时的科技 E20 eVTOL 完成首轮试飞，同时获得由民航华东地区管理局颁发的特许飞行证。2023 年 10 月 27 日，时的科技自主研发的倾转旋翼 E20 eVTOL 获取型号适航审定申请受理。

时的科技的 E20 eVTOL 电动飞机如图 1-8 所示。

图 1-8 E20 eVTOL 电动飞机

1.3.8 中航通用飞机有限责任公司的电动飞机

AG60E 是一款轻型运动飞机，采用单发上单翼的设计，全金属结构，可容纳两名乘客。该飞机的尺寸和性能均较为出色，机长 6.9m，高 2.6m，翼展 8.6m，最大起飞重量 600kg，最大平飞速度 220km/h，最大巡航速度 185km/h，升限 3600m。2024 年 1 月 3 日，AG60E 电动飞机在建德千岛湖通用机场圆满完成首次飞行。

中航通用飞机有限责任公司的 AG60E 电动飞机如图 1-9 所示。

图 1-9　AG60E 电动飞机

1.3.9　磐拓航空的电动飞机

PANTALA Concept H 是一架电动垂直起降载人飞行器，采用了大直径、分布式的电推进涵道风扇，驾驶系统采用了人机交互的形式，可容纳 5 人同时乘坐。该机充电续航 250km，最大时速超过 300km/h。2022 年 6 月，PANTALA Concept H 50% 缩比验证机 T1 成功首飞。

磐拓航空的 PANTALA Concept H 电动飞机如图 1-10 所示。

图 1-10　PANTALA Concept H 电动飞机

1.4　国内关于电动飞机适航的要求

2015 年 2 月，民航东北地区管理局为 RX1E（轻型运动类航空器）颁发了型号设计批准书，这是全球首个获得局方批准的电动航空器。此后，民航局又对

RX1E 系列飞机开展相关适航审定工作，于 2018 年 10 月完成增程型电动双座飞机 RX1E-A 型号合格审定，并颁发型号合格证。2021 年 12 月，完成电动水上双座 RX1E-S 型号合格审定，并颁发型号合格证。

为推动相关电动航空器型号审定工作，民航局也积极探索电动航空器适航要求。2021 年民航局发布了《RX1E 系列电动飞机使用锂离子动力电池专用条件》，适用于 RX1E 系列电动飞机，为我国电动飞机电池适航要求奠定了基础。该专用条件主要包括 RX1E 系列电动飞机的动力电池系统设计和安装的要求内容。

1）能量输出的保障：动力电池系统应设计和布置合理，确保飞机在所有预期运行条件下安全地提供电动机所需的能量输出。

2）风车运转条件考虑：在风车运转情况下，当电动机可能作为发电机工作时，电推进系统不得对动力电池产生不利影响。

3）温度和压力控制：电池在正常充放电、地面和飞行操作中，必须保持安全的温度和压力，防止电池组的温度或压力产生自维持的不受控制的升高的情况。

4）防护周围结构：防止动力电池逸出的腐蚀性液体或气体损坏飞机结构或邻近重要设备。

5）短路防护：电池系统应有措施防止短路时所产生的最大热量危及飞机结构或重要系统。

6）锂电池充电控制：必须有系统来自动调控锂电池的充电速率，防止过热或过充电，即①必须有温度敏感和超温警告系统，当锂电池超温时自动断开充电电源；②必须有锂电池失效敏感和警告系统，当锂电池失效时自动断开充电电源；③需要有防止锂电池过度充电及深度放电、不平衡放电的措施。

7）能量指示与管理：应确定并指示可用的动力电池能量，即①驾驶舱内应设有动力电池能量指示仪表；②若设计不允许机组使用全部能量，应宣布剩余电量为不可用；③若在紧急情况下允许使用全部能量，应确保电池容量恢复并提供持续适航文件。

8）乘员和维护人员的安全：确保系统设计和安装不会对乘员和维护人员造成伤害，具体包括①正常工作或故障情况下，逸出的危险气体在飞机内的积聚量不得达到危险程度；②在应急着陆情况下，确保乘员安全。

9）电缆安装与电磁防护：安装方式应确保电磁场及其互感不会危及飞机运行安全，即①电池和配电系统设计和安装应将电击风险降至最低；②日常维护期间，任何可接触位置不得有高压电裸露部件，高压电缆应清晰可识别。

10）电池系统可靠性：电池组与电芯的可靠性应通过经验或试验表明，且依据可接受的标准进行鉴定。

11）维护文件：持续适航文件应包含动力电池的备件存放和维护程序，以防止因存放和维护不当而性能下降或损坏的电池装机。

RX1E 系列电动飞机使用锂离子动力电池专用条件如图 1-11 所示。

专用条件

编　　　号：SC-LSA-F2840-001

日　　　期：2021年12月30日

局长授权颁发：(签名)

RX1E系列电动飞机使用锂离子动力电池

本专用条件根据中国民用航空规章《民用航空产品和零部件合格审定规定》(CCAR-21)颁发。

图 1-11　RX1E 系列电动飞机使用锂离子动力电池专用条件

2022 年发布了《亿航 EH216-S 型无人驾驶航空器系统专用条件》，为后续的无人机驾驶系统适航审定规章提供了思路。2022 年 9 月 30 日，由中国提交的《研究制定电驱动航空器适航要求》的提案被国际民航组织（ICAO）第 41 届大会技术委员会审议通过，并纳入大会决议。

2023 年，民航局分别公布了《RX4E 型飞机电推进系统专用条件》《V2000CG 型无人驾驶航空器系统专用条件》《沃飞 AE200-100 型电动垂直起降航空器专用条件征求意见稿》。其中《RX4E 型飞机电推进系统专用条件》首次提出了我国电动飞机电推进系统的审定基础，具体内容详见第 4 章第 4.1 节。

第 2 章

电动飞机电推进系统

　　航空领域的战略推动力包括全球空运、环境挑战、关键技术三个方面。通过替代燃料和先进电推进技术实现向低碳航空动力的过渡，是航空领域应对环境挑战的主要举措。美国航空航天局研究认为，电推进飞机可实现节能超过60%、减排超过90%、降噪超过65%的潜在收益，欧盟也认为电推进飞机是实现欧洲2050碳排放要求的唯一途径。

　　近年来，在全球范围内兴起了电动飞机技术发展热潮。据不完全统计，截至2021年6月，全球约有230个在研电推进飞机项目，主要集中在北美和欧洲地区，半数以上在2017年后启动。2019年7月的巴黎航展上，空客、波音、达索、GE航空、Rolls-Royce、赛峰、联合技术公司共7家航空制造商的首席技术官发布联合声明，将电推进技术列为航空业"第三时代"的重要标志，承诺将加大电动飞机技术研发力度、推动航空业绿色发展。

　　中国民航局于2022年正式发布《"十四五"民航绿色发展专项规划》，明确了我国绿色航空业的发展规划。

　　1）我国将积极推动民用航空业低碳技术的应用工作。

　　2）需要加快推进零、负碳技术的研发与储备工作。

　　3）推进纯电动、油电混合技术在通用航空领域的应用。同时，应强调推动民用航空运输与先进制造业的深度融合，做到强化业务。

　　同年9月，民航局向国际民航组织提交了《2022中国民航绿色发展政策与行动》，将电动飞机发展规划与机场能源建设的相关举措进行了进一步的细化。

2.1　电动飞机技术特征及电推进系统组成

电动飞机指的是利用电能作为推进系统的全部或部分能源的飞机。这些电能可以来自蓄电池、燃料电池、发电机等供电装置。相较于传统燃料动力飞机，电动飞机具有以下优势：

1）电推进系统具有较好的紧凑性。

2）系统的可靠性和安全性较高。

3）电动系统可以实现动力连续可变传输。

4）电动系统的功率不受高度和温度的影响。

5）系统的能量损失较低。

6）运行噪声较低。

7）无污染排放。

8）运营成本相对较低。

下面以某型电动飞机为例，阐述电动飞机电推进系统的结构及适航相关内容。

2.1.1　电动飞机技术特征

电动飞机的推进系统在整机和系统级产品方面展现出新的技术特点，与传统燃料动力飞机相比呈现出显著的差异。

1）在推进方式和技术方面，电动飞机采用分布式电推进（Distributed Electric Propulsion，DEP）技术，可以在飞机机翼上布置多个电推进螺旋桨或电动涵道，优化飞机周围的流场，降低阻力，提高气动效率，减轻飞机重量，降低噪声水平，提升性能。

2）电动飞机可以采用多种能源形式，如动力蓄电池、涡轮-电混合能源、太阳能等，构成独特的能源系统。

3）电动飞机的供配电系统具有更高的电源容量等级和电压等级，对供配电管理与能量优化技术提出更高要求。

4）电动飞机的推进器设计采用电动力驱动的螺旋桨或涵道风扇，提高能源利用率，减轻重量。

5）分布式推进的优势在于每个动力推进单元可以独立控制推力大小，实现飞机飞行与推力的一体化控制，具有更大的灵活性。

这些技术特点共同推动了电动飞机推进系统在设计和性能上的显著提升，展示了未来航空技术的发展方向。

2.1.2　电动飞机电推进系统的组成

为提高某型电动飞机的可靠性及安全性，其电推进系统采用双通道设计。该型号电动飞机的电推进系统由两套锂电池组、一台动力综合显控仪表、两台控制器、一台双绕组电动机、一个螺旋桨、一个功率调节手柄以及一套液冷系统组成，如图 2-1 所示。

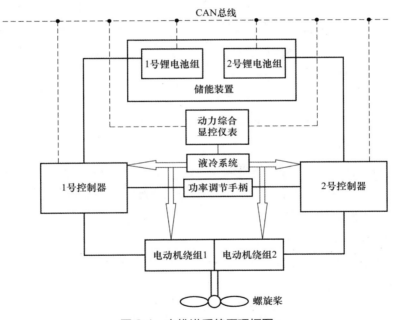

图 2-1　电推进系统原理框图

1. 电动机

该型号电动飞机电推进系统电动机选用双绕组电动机，正常状态下两套绕组同时工作，电推进系统单通道故障时，单套绕组可独立工作，电动机的主要技术指标包括：

1）类型：外转子三相永磁同步电动机。

2）峰值功率。

3）最大连续转矩。

4）最大工作电压。

5）满载下最大转速。

6）空载下最大转速。

7）最高工作温度。

8）效率。

9）冷却方式。

2. 控制器

考虑到电推进系统的余度设计，某型号电动飞机配套两台控制器，且采用液冷的方式。1、2 号控制器工作在转矩模式，分别根据油门输入的给定转矩，对电动机进行驱动控制。该控制器已取得适航认证，目前累计飞行 10000 多小时。

控制器的主要技术指标包括：

1）额定工作电压。

2）连续最大输出电流。

3）效率不低于 95%（额定输出功率下）。

3. 储能装置

某型号电动飞机储能装置由两套锂电池组构成，每套锂电池组由电芯并联组成。锂电池系统内置电池管理系统，能够估测电池的剩余电量及对锂电池组的实时状态进行监测，监测信息包括：单体电压、总电压、温度、充放电电流等。

4. 液冷系统

液冷系统为控制器及电动机散热。液冷系统采用两路并联形式，一路为两台控制器散热，一路为电动机散热。每路散热管路上，均有两个泵源，正常状态下主泵工作；主泵故障时，备份泵工作。液冷系统由液冷泵、进水管路、出水管路、翅片散热器、膨胀水箱、溢流水箱等组成，通过动力综合显控仪表能够对液冷系统水纹及液冷泵工作状态进行检测。液冷系统主要技术指标如下：

1）工作压力。

2）控制器液冷管路流量。

3）电动机液冷管路流量。

4）系统可连续不间断地工作。

液冷系统原理图如图 2-2 所示。

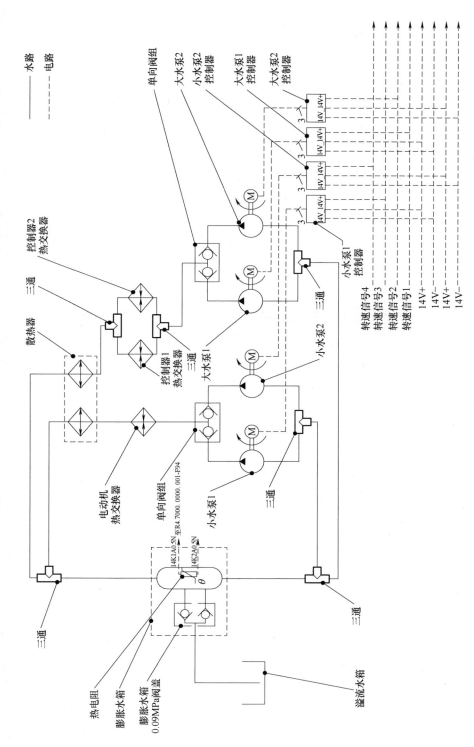

图2-2 液冷系统原理图

5. 动力综合显控仪表

动力综合显控仪表可显示的电推进系统参数包括：电动机转速、电池剩余电量、油门杆位置、电池总功率；1、2 号电池组电压、电流、温度；1、2 号控制器温度；电动机绕组 1、2 温度等参数。动力综合显控仪表由双屏幕组成。正常飞行过程中，动力综合显控仪表双屏幕显示"飞行界面"。

6. 功率调节手柄

功率调节手柄由油门编码器及油门杆组成，用于输出油门位置信号指令至控制器，调节电动机与螺旋桨转动的快慢。

7. 螺旋桨

结合试验测试结果及仿真计算分析，某型号电动飞机用螺旋桨选定为已在 FAA 取得型号合格证的某木质螺旋桨。

2.2　电动飞机电推进系统审定基础

某型号电动飞机电推进系统的审定基础为 CCAR-23 中的适用条款及为该型号电动飞机编写的专用条件《某型号电动飞机电推进系统（EPU）》（SC-23-17），具体内容见表 2-1。

表 2-1　某型号电动飞机电推进系统审定基础

条编号	条款名称	款编号	备注
23.611	可达性措施		适用
23.901	安装	a	适用
		b	适用
		c	适用
		d	不适用
		e	适用
		f	不适用
23.903	发动机	a	不适用
		b	不适用

（续）

条编号	条款名称	款编号	备注
23.903	发动机	c	不适用
		d	适用
		e	不适用
		f	不适用
		g	不适用
23.905	螺旋桨	a	适用
		b	适用
		c	不适用
		d	不适用
		e	不适用
		f	不适用
		g	不适用
		h	不适用
23.907	螺旋桨振动	a	不适用
		b	不适用
23.925	螺旋桨的间距	a	适用
		b	不适用
		c	不适用
		d	适用
23.939	动力装置的工作特性	a	不适用
		b	适用
		c	不适用
23.1041	冷却总则		适用
23.1043	冷却试验	a	适用
		b	适用
		c	适用
		d	不适用

（续）

条编号	条款名称	款编号	备注
23.1061	安装	a	适用
		b	适用
		c	适用
		d	适用
		e	适用
		f	适用
23.1301	功能和安装	a	适用
		b	适用
		c	适用
		d	适用
23.1309	设备、系统及安装	a	适用
		b	适用
		c	适用
		d	适用
		e	适用
		f	适用
23.33	螺旋桨转速和桨距限制	a	适用
23.305	强度和变形		适用
23.307	结构符合性的证明		适用
23.361	发动机扭矩	a	适用
		b	不适用
		c	不适用
23.363	发动机架的侧向载荷	a	适用
		b	适用
23.572	金属机翼、尾翼和相连结构	a	适用
		b	适用

（续）

条编号	条款名称	款编号	备注
23.573	结构的损伤容限和疲劳评定	a	适用
23.601	总则		适用
23.777	驾驶舱操纵器件	c（3）	适用
23.779	驾驶舱操纵器件的动作和效果	b（1）	适用
23.781	驾驶舱操纵手柄形状	b	适用
23.1521	动力装置限制	a	适用
		b	适用
		c	适用
		e	适用
23.1529	持续适航文件		适用
23.1557	其他标记和标牌	c（3）	适用
23.1583	使用限制	b	适用
23.2700	电推进系统		适用
23.2705	电池和配电系统		适用
23.2710	电池和电动力系统防火		适用
	某型号电动飞机电推进系统专用条件		适用

2.2.1　电动飞机电推进系统符合性验证思路

某型号电动飞机电推进系统的电动机、控制器、锂电池组、动力综合显控仪表作为主要设备，都随该型号随机适航取证。

1）该型号飞机采用电推进装置作为动力来源，与传统的通用飞机完全不同，因此 CCAR-23 条款多数不再适用。但电推进装置的安装可以参考 CCAR-23 中对动力装置安装的通用要求。该型号飞机采用液冷方式为电动机、控制器进行冷却，因此冷却系统的适航验证可以参考 CCAR-23 相关条款。飞机的螺旋桨和采用传统动力的通用飞机具有通用性，其安装、间距、振动等同样需满足 CCAR-23 相关条款的要求。

2）对于电推进系统，依据《某型号飞机电推进系统技术要求》进行适航验证。

3）该型电动飞机采用的电动机为新采购成品，其生产商正在向 EASA 申请其产品的适航认证。电动机、控制器、动力综合显示仪表分别依据《LGAA 电动机技术规范》《LGAA 电机控制器技术规范》《某型号四座电动飞机电机控制器设备适航验证计划》《某型号四座电动飞机电动机设备的适航验证计划》《某型号四座电动飞机动力综合显控仪表设备审查计划》，按设备进行审查，并随机适航取证。

4）对于电动飞机锂电池组，依据《某型号四座电动飞机锂电池系统设备审查计划》进行适航验证试验，保证锂电池组的使用安全。

5）螺旋桨在美国已取得型号合格证，正在申请中国民航局型号认可证（Validation of Type Certificate，VTC）。

电动飞机电推进系统符合性方法和验证思路见表 2-2。

表 2-2　电动飞机电推进系统符合性方法和验证思路

条款		验证方法	验证思路
23.611		MOC1	MOC1：编写某型号电动飞机电推进系统条款符合性说明报告、电推进装置安装图，按照规章要求明确电推进装置组成及部件设计中考虑相关条款的要求
23.901	a	MOC1	MOC1：编写某型号电动飞机电推进系统条款符合性说明报告、电推进装置安装图，按照规章要求明确电推进装置组成及部件设计中考虑相关条款的要求
	b	MOC6	MOC6：按照规章要求进行飞行试验验证本条款
	c	MOC1	MOC1：编写某型号电动飞机电推进系统条款符合性说明报告，按照规章要求明确电推进装置组成及部件设计中考虑相关条款的要求
	e	MOC1	MOC1：编写某型号电动飞机电推进系统条款符合性说明报告，满足电推进装置组成及部件设计中考虑相关条款的要求

（续）

条款		验证方法	验证思路
23.905	a	MOC1	MOC1：编写某型号电动飞机电推进系统条款符合性说明报告，按照规章满足电推进装置组成及部件设计中考虑相关条款的要求
	b	MOC1	MOC1：编写某型号电动飞机电推进系统条款符合性说明报告，满足电推进装置组成及部件设计中考虑相关条款的要求
23.925	a	MOC1	MOC1：编写某型号电动飞机螺旋桨间距符合性说明，按照规章要求说明螺旋桨间距符合相关条款的要求
	d	MOC1	MOC1：编写某型号电动飞机螺旋桨间距符合性说明，按照规章要求说明螺旋桨间距符合相关条款的要求
23.939	b	MOC5 MOC6	MOC5、MOC6：按照规章要求进行机上地面试验、飞行试验，验证本条款
23.1041		MOC1	MOC1：某型号电动飞机冷却系统适航条款符合性说明报告，按照规章要求说明相关条款的要求
23.1043	a	MOC5 MOC6	MOC5、MOC6：按照规章要求进行冷却系统机上地面试验、飞行试验，验证本条款
	b	MOC5 MOC6	MOC5、MOC6：按照规章要求进行机上地面试验、飞行试验，验证本条款
	c	MOC5 MOC6	MOC5、MOC6：按照规章要求进行机上地面试验、飞行试验，验证本条款
23.1061	a	MOC1	MOC1：某型号电动飞机冷却系统适航条款符合性说明报告，按照规章要求说明相关条款的要求
	b	MOC1	MOC1：某型号电动飞机冷却系统适航条款符合性说明报告，按照规章要求说明相关条款的要求
	c	MOC1	MOC1：某型号电动飞机冷却系统适航条款符合性说明报告，按照规章要求说明相关条款的要求
	d	MOC1	MOC1：某型号电动飞机冷却系统适航条款符合性说明报告，按照规章要求说明相关条款的要求
	e	MOC1	MOC1：某型号电动飞机冷却系统适航条款符合性说明报告，按照规章要求说明相关条款的要求
	f	MOC1	MOC1：某型号电动飞机冷却系统适航条款符合性说明报告，按照规章要求说明相关条款的要求

（续）

条款		验证方法	验证思路
23.1301	a	MOC1 MOC4 MOC6 MOC9	MOC1：编写某型号电动飞机电推进系统条款符合性说明报告、电推进装置安装图，按照规章要求明确电推进装置组成及部件设计中考虑相关条款的要求 MOC4：进行地面操作试验，测试电推进系统设备安装后功能正常 MOC6：进行飞行试验，测试电推进系统设备安装后功能正常 MOC9：进行设备鉴定试验，验证电推进系统设备能够满足功能要求、技术规范等
	b		
	c		
	d		
23.1309	a	MOC1 MOC3 MOC4 MOC6 MOC9	MOC1：编写某型号电动飞机电推进系统条款符合性说明报告、电推进装置安装图，按照规章要求明确电推进装置组成及部件设计中考虑相关条款的要求 MOC3：对某型号电动飞机设备、系统性能进行功能危害性评估及常见故障评估 MOC4：进行电推进系统地面操作试验，测试电推进系统设备安装后功能正常 MOC6：进行飞行试验，测试电推进系统安装后功能正常 MOC9：进行设备鉴定试验，验证电推进系统设备能够满足功能要求、技术规范等
	b		
	c		
	d		
	e		
	f		
23.33	（a）	MOC1	MOC1：编写某型号电动飞机电推进系统条款符合性说明报告，按照规章要求明确电推进装置组成及部件设计中考虑相关条款的要求
23.305 23.307 23.572（a） 23.572（b） 23.601		MOC4	MOC4：含电机安装架在内的结构件，编写某型号电动飞机电机安装架静力试验报告，按照规章要求进行试验满足相关条款的要求
23.305 23.307 23.573（a） 23.601		MOC2	MOC2：含电机安装架在内的结构件，编写某型号电动飞机电机安装架强度分析报告，按照规章要求分析满足相关条款的要求
23.361（a）		MOC2	MOC2：在电机载荷设计报告中表明载荷工况

（续）

条款		验证方法	验证思路
23.363		MOC2	MOC2：在电机载荷设计报告中表明载荷工况
23.777	c（3）	MOC1	MOC1：编写某型号电动飞机电推进系统条款符合性说明报告，按照规章要求明确电推进装置组成及部件设计中考虑相关条款的要求
23.779	b（1）	MOC1	MOC1：编写某型号电动飞机电推进系统条款符合性说明报告，按照规章要求明确电推进装置组成及部件设计中考虑相关条款的要求
23.781	（b）	MOC1	MOC1：编写某型号电动飞机电推进系统条款符合性说明报告，按照规章要求明确电推进装置组成及部件设计中考虑相关条款的要求
23.1521	a	MOC1	MOC1：通过符合性说明文件，说明：已经根据电机或螺旋桨的限制，制定动力装置的限制。起飞运转动力装置的限制包括：最大转速（相应的时间限制）、电机、控制器、动力电池、冷却液的温度限制
	b		连续运转的动力装置限制包括：最大转速、电机、控制器、动力电池、冷却液的温度限制；根据冷却系统的工作环境要求，制定外界大气温度限制。将限制列入飞行手册有关章节中
	c		
	d		
23.1529		MOC1	MOC1：编写四座电动飞机维护手册，按照规章要求明确相关条款的要求
23.1557	c（3）	MOC1 MOC7	MOC1：编写某型号电动飞机电推进系统条款符合性说明报告，其中说明对冷却液标牌的要求 MOC7：按照图纸内容对飞机上冷却液口的标记和标牌进行检查，确认符合条款要求
23.1583	b	MOC1	MOC1：通过编制飞行手册表明，根据《某型号电动飞机电推进系统合格审定计划》中关于23.1521条的验证结论编制动力装置限制，动力综合显示器用于显示动力系统的功率、电动机转数、电机温度、控制器温度、电池温度、电池电压、电流等信息，以上信息在正常工作时均在绿区，在起飞和进入警戒范围时显示黄区并闪烁提示，超出限制时进入红区并闪烁提示

（续）

条款	验证方法	验证思路
24.2700 某型飞机电推进系统专用 条件	MOC1 MOC2 MOC3 MOC4 MOC5 MOC6 MOC9	MOC1：编写某型号电动飞机电推进系统条款符合性说明报告，按照规章要求明确电推进装置组成及部件设计中考虑相关条款的要求 MOC2：编写四座电动飞机电机载荷设计报告，按照规章要求表明条款符合性，进行电动机载荷试验，验证要求的扭矩值 MOC3：按照规章要求编写某型号电动飞机系统安全性分析报告及飞机级功能危险性分析报告验证相关条款 MOC4：进行电推进系统地面操作，耐久性试验，按照规章要求表明条款符合性 MOC5：按照规章要求进行机上地面试验验证条款符合性 MOC6：按照规章要求进行飞行试验验证条款符合性 MOC9：按照规章要求进行电动机超速试验，电动机过扭矩试验，验证本条款
24.2705	MOC9	MOC9：按照锂电池系统设备审查计划要求进行锂电池组设备验证试验，验证本条款
24.2710	MOC1	MOC1：编写某型号电动飞机电推进系统条款符合性说明报告，按照规章要求说明电推进装置组成及部件设计中考虑相关条款的要求

2.2.2   电动飞机电推进系统符合性验证方法

电推进系统符合性计划采用的符合性验证方法使用说明，见表 2-3。

表 2-3   符合性验证方法使用说明

代码	名称	使用说明
MOC1	说明性文件	如技术说明、安装图纸、计算方法、技术方案、航空器飞行手册
MOC2	分析 / 计算	如载荷、静强度和疲劳强度、性能、统计数据分析、与以往型号的相似性
MOC3	安全评估	如功能危害性评估（Functional Hazard Analysis，FHA）、系统安全性分析（System Safety Analysis，SSA）等用于规定安全目标和演示已经达到这些安全目标的文件
MOC4	试验室试验	如静力和疲劳试验、环境试验。试验可能在零部件、分组件和完整组件上进行

（续）

代码	名称	使用说明
MOC5	地面试验	如旋翼和减速器的耐久性试验、环境试验等
MOC6	飞行试验	规章明确要求时，或用其他方法无法完全演示符合性时采用
MOC7	航空器检查	如系统的隔离检查、维修规定的检查
MOC8	模拟器试验	如评估潜在危险的失效情况
MOC9	设备合格性	设备合格性的鉴定是一种过程，它可能包含上述所有的符合性验证方法

第 3 章

电动飞机锂电池适航验证标准

21 世纪以来，全球极端气候事件频发，气候变化越来越威胁到人类生存和健康，这与人类工业化以来赖以维持经济社会快速发展的能源电力、交通运输等领域的生产活动所产生的二氧化碳密切相关。交通运输业作为仅次于能源电力的第二大二氧化碳排放源，肩负着破解应对气候变化这一重大问题的新使命。当前，航空运输工具呈现出清洁化、电气化发展趋向，着力发展以电动飞机为引领的电动航空器成为助力交通运输业绿色低碳战略转型的必然选择。

自 2022 年 11 月《联合国气候变化框架公约》第 27 次缔约方大会（COP27）达成《沙姆沙伊赫实施方案》以来，世界各国大力推动交通运输领域的绿色低碳转型，以电动飞机为引领的航空器电动化变革席卷全球。美国、欧盟、日本等典型发达国家和地区及国际知名航空制造商，都极为重视电动飞机的战略部署，并通过加快关键核心技术攻关，提供"降低碳排放、保障能源安全和实现经济增长"的源动力，不断推动全球航空运输业逐步实现"碳中和"。

我国在电动飞机领域起步较晚、目前研发机构较少，专业从事电动飞机的研发机构主要是辽宁通用航空研究院。目前，相比于其它科研机构只开展了电动飞机的概念设计及验证机研制的情况，辽宁通用航空研究院研制了锐翔（RX）系列双座通用电动飞机产品 RX1E、RX1E-A，相关产品已率先完成适航取证并进入市场，目前正在进行电动四座和水上飞机的研制攻关工作。中国商飞公司与北京航空航天大学合作开发了燃料电池型混合动力飞机，目前该飞机的验证机——灵雀 H 处于试验阶段。中国航空研究院与北京航空航天大学、西北工业大学等高校开展了新概念布局和关键技术研究，在未来大型干线飞机的总体布局方案、电推进系统、超导动力传输等方面开展了相关预研工作。

在锐翔双座电动飞机的适航审定过程中，辽宁通用航空研究院与民航东北局适航审定处克服了没有成熟的动力锂电池适航认证规范的不利条件，共同编写了《RX1E型飞机用锂离子动力电池测试规范》，可以适用于轻型运动类飞机锂电池组适航审定基础。对于四座以上的正常类飞机的电推进系统适航认证过程，则存在着更大的空白，无论是对于电推进系统的系统级验证，还是对电动机、控制器、动力锂电池组等的设备级验证，目前都没有成熟的标准可供借鉴。因此，有必要开展电动飞机适航审定标准研究，建立电动飞机电推进系统关键技术的适航审定标准及符合性验证方法研究，重点突破动力锂蓄电池、电动机、控制器等关键设备的符合性验证等关键技术。为电动飞机电动力系统适航符合性验证提供技术支持，为电动飞机适航审定标准奠定基础。

3.1　电推进系统适航验证标准研究

3.1.1　轻型电动飞机电推进系统适航标准

电动力飞机的推进系统通常采用电动机的动力来驱动螺旋桨，通过螺旋桨向空气流中输入机械能，增加空气速度，以产生推力。电推进系统一般指电动机、控制器及其附件。

根据 AC-21-AA-2015-25R1《轻型运动航空器适航管理政策指南》6.2 节规定，轻型运动类飞机适航审定可以参考 ASTM 相关标准。电推进系统适航标准可以参考 ASTM F2245-11《轻型运动飞机设计和性能标准》、ASTM F2840-14《轻型运动飞机电推进装置的设计和制造标准》等。螺旋桨的适航标准可参考 ASTM F2506-13《固定桨距 / 地面可调桨距轻型运动飞机螺旋桨设计及试验标准》。

1. ASTM F2245-11 标准

ASTM F2245-11《轻型运动飞机设计和性能标准》是轻型运动类飞机的适航要求，其中螺旋桨、动力装置、发动机仪表部分内容可以作为轻型运动类飞机电推进系统适航标准参考，具体条款摘要如下：

● 4.3 螺旋桨转速和桨距限制——螺旋桨构型不得使发动机超过发动机制造商给出的正常工作状态的安全使用限制。

● 4.3.1 全油门起飞、爬升或以 $0.9V_H$（指最大连续推力水平飞行最大速度）飞行时，不可超越（发动机）最大转速；在关闭油门以 V_{NE}（指绝对不许操作速度）滑翔时，不可超越（发动机）最大允许连续转速的 110%。

● 7.1 安装——动力装置的安装必须保证检查与维护方便可达；动力装置与机身的连接附件是结构的一部分，必须能承受相应的过载系数。

● 7.6 防火——封闭安装的发动机，必须通过防火墙或者防火罩将封闭安装的发动机与飞机的其它部分隔离开来；必须将发动机置于距机舱尽可能远的位置，以防止气体，液体或者火焰，以及它们的混合物进入飞机机舱。下述任意一种材料可以直接作为防火墙或防火罩材料而不需要进一步的测试：7.6.1 厚度不小于 0.38mm（0.015in）厚的不锈钢板；7.6.2 厚度不小于 0.46mm 厚的防腐蚀软钢板，或；7.6.3 可以提供与 7.6.1 及 7.6.2 等效防护的替代材料。

● 8.3 发动机仪表：8.3.1 燃油油量指示器；8.3.2 转速表（RPM）；8.3.3 发动机熄火开关；8.3.4 发动机制造商要求的发动机仪表。

2. ASTM F2840-14 标准

目前轻型运动类飞机电推进装置的适航审定标准主要是 ASTM F2840-14《轻型运动飞机电推进装置的设计和制造标准》（以下简称 F2840）。下面就 F2840 中与轻型运动类飞机电推进装置有关的条款进行分析说明。

（1）F2840 第 1 部分为标准本身说明性条款，第 1 部分

1.1 本标准涉及目视飞行条件下轻型运动飞机的电动力装置设计与制造的最低要求。电动力装置至少由以下几部分构成：电动机；匹配的控制器；断路器及配线；能量存储设备（如电池或者电容，或者二者兼有）；电动力装置的控制与显示仪表。电动力装置也可包括选装的机载充电设备，飞行中充电设备及其它相关新技术装备。

（2）F2840 第 2 部分为标准本身说明性条款，第 2 部分摘要

● F2245 轻型运动飞机设计和性能标准。

● F2279 固定翼轻型运动飞机制造中质量保证标准实施规程。

● 2.2 其它标准：EASA CRI F-58 锂电池安装标准；SAE J2344 电动运载工具安全指南。

（3）F2840 第 3 部分说明了标准的意义和适用方法，第 3 部分摘要

● 3.1 本标准为轻型运动飞机电动力装置的设计者与制造者在设计与制造过

程中提供设计参考与准则。

● 3.2 符合性声明基于电动力装置的设计，以及地面试验和飞行试验过程中生成的测试数据及文件，测试过程由制造商或者是在制造商指导下完成。

● 3.3 鼓励电动力装置的生产商参考适合的地面系统的标准及类似地面系统的经验，如 SAE J2344 及 EASA CRI F-58。

● 3.4 电动飞机包含的高电压、大电流构成潜在风险，需要确保人员远离风险，通过绝缘导线、封闭空间或防护措施实现电气隔离，防止接触电击。在特殊条件下需要探测隔离变差或接地故障，并采用合适操作程序或硬件实现高压系统维护。安全手段包括自动危险电压切断、手动切断、互锁系统等。本标准未涉及雷击防护，因轻型运动飞机仅限目视条件飞行。

（4）F2840 第 4 部分规定了电动力装置的型号说明，第 4 部分摘要

● 4.1 零部件清单：每种适用本标准的电动力装置需要提供详细零部件清单。

● 4.2 新型电动力装置型号说明：每种新型电动力装置需要符合本标准实施规范；影响电动力装置安装界面、性能或操作性的设计或配置更改需要新的型号说明。

● 4.3 零部件的设计更改：零部件的每项设计更改需要遵照本标准的要求评估。

（5）F2840 第 5 部分规定了电推进装置的资料要求，第 5 部分摘要

● 5.1 需要保留的资料。以下资料和信息需要在生产终止后至少保存 18 年：定义电动力装置配置的图纸、参考规范及其它技术资料；符合性声明时有效的零件图纸引用的主要材料规范与生产过程规范（不要求保留次级材料和生产过程文件）；为本标准合格性审查准备的工程分析与测试数据。

● 5.2 需要提供的资料。以下资料应提供给飞机生产商支持型号飞机的设计与操作：电动力装置性能数据，涵盖所有预期工作环境下的性能；安装手册，说明所有功能与物理接口的要求，包括安装图纸；飞机上提示与警告标志的详细说明，确保操作者、维护者、紧急操作人员意识到电动推进系统的潜在危险；操作手册，说明正常与异常操作程序及所有操作限制，包括对电动推进系统和飞机的操作限制；维护手册，规定定期维护、主要检查、零件更换或大修间隔及其他维护要求，特别说明电动力装置持续适航的维护要求，标明所有专门设备和试验；大修手册，提供手册中指定部件的分解、更换及大修指导，确保大

修后电动力装置符合适航条件，能安全运转直至下一次大修。

（6）F2840 第 6 部分规定了电推进装置的设计准则，第 6 部分摘要

● 6.1 材料和部件：使用的材料和部件必须满足系统设计条件。

● 6.2 防火与防电击防护：设计和制造应最小化火灾和电击风险。使用电气隔离材料，防止飞行及地面操作时电击。避免使用易产生电弧的导线绝缘材料，如 Kapton™。隔离定义为电池高压系统与机身导电结构间的电阻 ≥ 500 Ω/V。最低要求包括：不可重置的熔断器保护主电源回路，配备告警装置；主开关实现储能装置与系统其它部分的断开，不依赖处理器或软件；储能装置与机身电气隔离；地面故障检测系统提供电气隔离告警；大雨中飞行不影响乘员及地面工作人员安全；机身外表面及部件使用高电压警告标识；编写维护程序，降低机械师及地面操作人员风险。

● 6.3 防电弧：所设计装置不会产生高压电弧或电晕效应。

● 6.4 冷却：考虑所有功率设定条件下的飞行和地面操作需要冷却的部件，并在操作手册中指明温度极限。

● 6.5 电动机固定：电动机及连接须符合适用设计规范，提供连接点数据用于机身设计。

● 6.6 能量存储装置固定：提供储能装置连接点数据用于机身设计。

● 6.7 处理器控制功能：设计应考虑不丧失螺旋桨动力，考虑关键部件突然失效模式的安全性分析，考虑电磁干扰（Electromagnetic Interference，EMI）、环境和高强度辐射场（High-Intensity Radiated Field，HIRF）对控制设备的影响。

● 6.8 飞行员控制：配备简单、防误操作、手感清晰的控制装置。

● 6.9 低电量性能：储能装置能量接近为零时，动力明显下降需要在操作手册中说明，并通过仪表告知驾驶员。

● 6.10 可靠性：应符合 7.5 节描述的测试要求。

● 6.11 振动：设计和制造应避免过度振动与应力，考虑地面操作引起的振动载荷。

● 6.12 充电器：设计使地面操作人员可安全充电。系统应包括：防止极性反接设计；提供足够的地面故障保护；显示储能装置电量状态。

● 6.13 显示仪表：配备仪表使飞行员获知系统状态和告警。显示仪表包括：油量表，显示储能装置剩余能量；建议性的告警灯，提醒最低剩余能量；转速

表，显示电动机转速；温度表，显示电动机温度；"运行"模式指示；组合仪表告警灯，提示低性能或其它安全问题。

（7）F2840 第 7 部分规定了电推进装置的合格性测试，第 7 部分摘要

● 7.1 校准测试：对每种电动力装置的设计进行测试，确认其轴功率、转速、功率消耗和储能装置容量等特性。

● 7.2 电池充电测试：对储能装置进行充电测试，确认使用指定电源充电时不会损坏电池或性能下降，并测试储能装置的循环次数，记录于操作手册、维修手册和大修手册中（见 5.2.4 和 5.2.6）。

● 7.3 耐久性测试：每种电动力装置需要采用以下耐久性测试方法之一进行测试。7.3.1 加速大修测试：模拟电动力装置的大修间隔时间，要求包括最高功率运转时间的 100%；巡航功率运转时间的 10%；每小时一次从最大功率到巡航功率的循环；每 5h 至少一次系统启动；电动机在最大持续工作温度下测试；模拟螺旋桨最大拉力负载；所有附属装置和安装附件在最大功率下加载；电功率出口在最大功率下加载；完成测试后全装置分解，部件符合设计者 / 制造者规定的使用期限（见 5.2.6）。7.3.2 使用领先使用的飞机进行耐久性测试：对装机电动力装置进行飞行测试；按维护手册的要求记录所有维护；设定定期检查和模拟螺旋桨最大推力试验；完成耐久性测试后全装置分解检查，确认部件使用期限（见 5.2.6）。

● 7.4 电动力装置大修间隔期：标明在操作手册（见 5.2.4）中，可以采用加速大修测试或首架使用飞机累计飞行时间的 80%。

● 7.5 可靠性测试：确保电动轻型运动飞机的失去动力频度不高于内燃机飞机。失效模式必须在操作手册中描述，并在动力仪表上给予警告。符合以下任一情况即可满足要求：装置安装在轻型运动飞机上，以"飞行学校"方式运行，证明 100 个飞行小时无丧失全部动力的可靠性；如果装置硬件或软件版本变化，需重新进行 50 个飞行小时的飞行验证。

（8）F2840 第 8 部分规定了电推进装置的加工要求，第 8 部分摘要

● 8.1 电动力装置制造商应建立必要的检验与试验手段，以保证生产的每一部件都符合设计要求并满足安全工作条件。制造商应有有效的质量保证体系，能提供正式的交付质量及质量控制系统证明文件。质量程序应服从 F2279 标准实施规程的要求。

● 8.2 供公司质量人员使用的信息系统，系统能告知当前工程图纸、技术要求、固件和软件的更改，以及质量控制程序。

（9）F2840 第 9 部分和附录 X1 为关键词

此部分内容略。

（10）F2840 附录 X2 专门介绍了一些锂电池技术指南

附录 X2 包含美国汽车工程师协会（SAE）发布的 SAE J2344，欧洲航空局（EASA）发布的 EASA CRI F-58。F2840 建议锂电池的适航也可以参考这些技术指南。其中 EASA CRI F-58 在一些方面对锂电池的设计和制造提出了要求。通过对以上 F2840 标准的研究可发现，F2840 标准对除了螺旋桨之外的其它电推进系统装置提出了设计、测试验证、加工等方面的要求，同时给出了锂电池可参考的一些其它标准指南。

3. ASTM F2506-13 标准

ASTM F2506-13 标准涵盖了固定桨距和地面可调桨距轻型运动飞机螺旋桨设计、试验和质量保证的最低要求。ASTM F2506-13 第 1、2、3 部分为标准本身的说明性内容，对标准的使用范围、参考文件和术语定义进行了说明，下面摘要介绍第 4~10 部分的内容。

（1）ASTM F2506-13 第 4 部分为总则，第 4 部分摘要

● 4.1 所有声明遵守该标准的制造商，必须能够展示该标准相应要求的符合性。

● 4.2 所有制造商必须提供可接受的发动机 - 螺旋桨配套清单。

● 4.3 所有制造商必须提供使用手册或者至少包含如下信息的手册：4.3.1 全面描述螺旋桨及其特性；4.3.2 螺旋桨对转轴的转动惯量；4.3.3 螺旋桨的安装说明；4.3.4 螺旋桨的使用说明；4.3.5 最大许用发动机功率、转速和制造商认为必要的螺旋桨安全使用限制；4.3.6 对于地面可调桨距螺旋桨，桨距调整说明及使用中最小和最大允许桨距设置值的说明；4.3.7 螺旋桨拆卸说明。

● 4.4 所有制造商必须提供维护手册，维护手册用于保障螺旋桨全生命周期内的持续安全和正确的使用。维护手册至少应包含如下内容：4.4.1 列出包含推荐的螺旋桨必须要进行清洁、调整、检查和试验的周期维护计划；4.4.2 适用的损伤和磨损容差。4.4.3 包括如下内容的维护和大修说明：4.4.3.1 需用工具清单；4.4.3.2 对维修人员的技术或培训要求；4.4.3.3 要求的检查；4.4.3.4 详细的修理、

大修流程和方法；4.4.3.5 相应的试验要求。另外 4.4.4 如果制造商认为有必要设置螺旋桨和螺旋桨零件的强制更换间隔，那么这些要求必须以单独的显著的章节陈述。

（2）ASTM F2506-13 第 5 部分规定了螺旋桨的设计和构造要求，第 5 部分摘要

● 5.1 设计特性。螺旋桨不允许包含有害或不可靠的设计特性，否则任何有疑问的设计细节或零件的可靠性必须通过试验来验证。

● 5.2 材料。用于螺旋桨的材料的可靠性和耐久性必须：5.2.1 基于实际使用经验或试验建立；5.2.2 符合已建立的文件的要求，以确保强度和其它材料属性满足或超过初始设计和鉴（审）定试验中使用的试验件（值）。

● 5.3 耐久性。螺旋桨的每一个部件必须按使用中可能产生的损伤和磨损进行设计和构造。处于维护手册规定的最大损伤和磨损极限内状态的螺旋桨，在检查和大修周期内必须能够正常工作。

● 5.4 地面可调桨距螺旋桨。地面可调桨距螺旋桨的桨距调节系统必须被设计成，在正常工作或紧急情况下，系统的单个失效或故障不能导致不可接受的螺旋桨桨距改变。如果预期结构元素失效情况发生概率极低，则结构元素失效的情况可不予考虑。

● 5.5 螺旋桨的强度和耐久性。必须证明螺旋桨具有满意的耐久性，并且按第 6 部分（试验和检查）的相关要求，其应力不能超过连续工作的安全值。

（3）ASTM F2506-13 第 6 部分规定了螺旋桨的试验和检查要求，第 6 部分摘要

● 6.1 总则。6.1.1 所有制造商必须证明其报批的螺旋桨能够通过本章指定的相关试验和检验，并且无失效或故障记录；6.1.2 各种材质螺旋桨要求的最低相关试验和检查（表略）。

● 6.2 强度试验。6.2.1 除了常规的固定桨距螺旋桨外，其它螺旋桨必须进行强度验证；6.2.2 对于其它所有螺旋桨，其叶根和桨叶夹持系统必须进行 1h 的载荷试验，试验载荷水平相当于桨叶重量在最大额定转速时产生的离心载荷的两倍。这个试验可以是旋转试验也可以是静态拉力试验。每个桨叶上要求的拉载荷，必须作用在桨叶向内至少 20% 处。

● 6.3 应力测量、疲劳强度、疲劳分析。为了减少耐久性试验的小时数，可

以进行振动试验。本节不适用于常规的定桨距木质螺旋桨。6.3.1 必须确定在螺旋桨使用包线内，包括应力峰值和共振状态在内的螺旋桨振动应力的大小：6.3.1.1 通过直接测量一台典型振动发动机上的振动应力；或者 6.3.1.2 通过与已做过振动应力测量的，安装在同类飞机上的同类螺旋桨进行比较。6.3.2 通过试验或分析，确定螺旋桨桨叶根部、中部、叶尖的许用疲劳寿命。该试验必须也要计及正常使用的损伤或磨损。6.3.3 利用测量得到的应力和桨叶根部、中部、叶尖的许用疲劳寿命，进行螺旋桨疲劳评价，以表明依据现有检查技术确定的螺旋桨检查间隔内，不会发生螺旋桨失效现象。

● 6.4 耐久性试验。螺旋桨必须在设计配套的发动机上或具有典型振动特征的发动机上进行耐久性试验，该具有典型振动特征的发动机能在螺旋桨最大额定转速和最大螺旋桨直径状态下输出最大额定功率。为了实现在最大额定起飞转速状态下的最大额定起飞功率，必要时可以调整螺旋桨桨距。在进行接下来的耐久性试验中，螺旋桨桨距不必进行重新调整，除非为了避开呈报的使用转速。试验期间，可以根据需要停车，但是试验必须要从试验计划中的停止点重新开始。整个耐久性试验必须用单独的一支螺旋桨和硬件完成。所有螺旋桨必须要通过下述试验之一。6.4.1 常规的定桨距木质螺旋桨或者进行振动应力测量的螺旋桨必须进行下列试验之一：6.4.1.1 50h 水平飞行或爬升飞行试验。其中，螺旋桨至少有 5h 以额定转速运行，余下的飞行时间中，螺旋桨转速不得低于额定转速的 90%；6.4.1.2 在发动机上以试图获得的额定功率和试图获得的额定螺旋桨转速进行 50h 的地面试验。6.4.2 不进行振动应力测量的螺旋桨必须进行下列试验之一：6.4.2.1 耐久性试验必须按图 3-1 螺旋桨耐久性试验方案所示的方案和顺序进行；6.4.2.2 可以通过提交有图 3-1 中耐久性、功率和速度条件下使用经历的档案来完成 6.4.2.1 的符合性要求服从权力的。以呈报的最大起飞功率和转速进行的 10h 试验阶段，必须是耐久性试验的最后阶段，必须在其它功率和转速试验阶段完成后进行。6.4.3 可以用基于具有相似设计特征的螺旋桨进行过的试验的分析来代替 6.4.1 和 6.4.2 中规定的试验。

● 6.5 分解检查。6.5.1 完成本标准第 6 部分规定的每个试验之后，必须将螺旋桨全部分解，并且详细检查螺旋桨部件是否存在裂纹、磨损、变形及其它异常情况。6.5.2 在分解检查期间发现的问题，必须通过设计更改和附加试验，建立本标准必要的螺旋桨符合性来解决。

● 6.6 螺旋桨调整和零件更换。试验期间制造商可以对螺旋桨进行维护和修理。所有维护和修理必须遵守维护手册。假如试验和分解检查期间，发现零件的维护和更换超出了维护手册规定的范围，问题零件必须进行附加试验或设计更改或附加试验加上设计更改，以建立本标准必要的螺旋桨符合性。

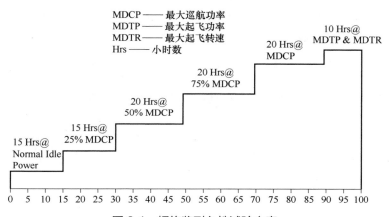

图 3-1　螺旋桨耐久性试验方案

（4）ASTM F2506-13 第 7 部分规定了螺旋桨的标识，第 7 部分摘要

● 7.1 所有螺旋桨、桨叶、桨毂的制造商必须通过电镀、压印、雕刻、蚀刻或其它永久性标识方法对其产品进行标识。

● 7.2 标识必须放在非关键的面上，保证其在正常维护中不致被模糊或弄掉，在意外事故中不被破坏或不会脱落。

● 7.3 标识必须包括如下信息：螺旋桨直径、桨距（定桨距螺旋桨）、制造商的标识，其中制造商的标识必须要比其它标识明显。当可进行标识的空间有限时，下面的信息可以使用编码或者简写：7.3.1 制造商标识；7.3.2 螺旋桨型号名称；7.3.3 螺旋桨序列号；7.3.4 零件号（或等同编号）；7.3.5 螺旋桨直径；7.3.6 螺旋桨桨距（只适用于定桨距螺旋桨）。

（5）ASTM F2506-13 第 8 部分规定了螺旋桨的设计控制，第 8 部分摘要

8.1 螺旋桨的设计至少包括如下几个方面：8.1.1 定义符合本标准要求的螺旋桨构型和设计特性所必需的图纸、技术要求，及一份图纸和技术要求清单；8.1.2 确定螺旋桨结构强度所必需的尺寸、材料和加工信息；8.1.3 通过比较，可

以决定满足本标准要求的同样或相似设计螺旋桨的任何数据。

（6）ASTM F2506-13 第 9 部分规定了质量保证内容，第 9 部分摘要

9.1 螺旋桨制造商必须具有质量保证体系以确保其制造的螺旋桨符合已批准的设计要求。

（7）ASTM F2506-13 第 10 部分

第 10 部分为关键词。

通过对以上 F2506 标准的研究可发现，F2506 标准从设计和构造、试验和检查、标识、设计和控制、质量保证等多个方面对螺旋桨的适航进行了全面的要求，可以作为轻型运动类飞机电推进系统螺旋桨的适航审查标准。

3.1.2　四座及以上电动飞机电推进系统适航标准研究

四座及以上正常类电动飞机的电推进系统在世界范围内还没有可资借鉴的适航标准。本书参考 ASTM F3338-18 *Standard Specification for Design of Electric Propulsion Units for General Aviation Aircraft*、FAA 关于电推进装置的专用条件 *Special Conditions* No.33-022-SC、EASA 专用条件 SC E-19 *Electric/Hybrid Propulsion System*，对正常类电动飞机电推进系统适航审定标准进行研究，形成如下电动飞机电推进系统适航标准和验证方法的总结。

1. 螺旋桨

1）每型螺旋桨须获得型号合格证。

2）电动机功率和螺旋桨轴转速不得超过合格审定限制。

3）可顺桨的螺旋桨须具备飞行中回桨措施。

4）螺旋桨桨距操纵系统须符合中国民用航空规章（CCAR-35）中 35.42 条要求。

5）适当防护推进式螺旋桨前冰积聚并脱落的飞机区域，或证明冰不会造成危害。

6）推进式螺旋桨在正常昼间地面状态下，其旋转平面应明显可见。

7）如果排气进入推进式螺旋桨旋转平面，须通过试验或试验支持的分析证明螺旋桨可安全工作。

8）发动机整流罩、接近口盖及可拆卸件的设计须确保不会发生脱落而导致与推进螺旋桨接触。

2. 螺旋桨的间距

除非已证实可采用更小间距，飞机在最大重量、最不利重心位置以及螺旋桨在最不利桨距位置的情况下，螺旋桨间距须满足以下条件：

1）地面间距：起落架静压缩状态下，前轮式飞机螺旋桨与地面最小间距180mm（7in）；尾轮式飞机螺旋桨与地面最小间距230mm（9in）。对装有常规起落架支柱的飞机，在最不利情况下（如轮胎完全泄气），螺旋桨与地面须有正间距；板簧支柱在1.5g挠度下螺旋桨与地面须有正间距。

2）后安装螺旋桨：在正常起飞和着陆最大俯仰姿态下，螺旋桨不得接触跑道表面。

3）水面间距：螺旋桨与水面最小间距460mm（18in），除非证明更小间距能符合CCAR23.239条规定。

4）结构间距必须满足下列要求：

● 桨尖与飞机结构之间的径向间距不得小于25mm（1in），加上考虑有害的振动所必需的任何附加径向间距。

● 螺旋桨桨叶或桨叶柄整流轴套与飞机各静止部分之间的纵向间距不得小于13mm（1/2in）。

● 螺旋桨其它转动部分或桨毂罩与飞机的各静止部分之间必须有正间距。

3. 螺旋桨转速和桨距限制

1）必须限制螺旋桨转速和桨距值以确保安全运行。

2）对于不可操纵桨距的螺旋桨：在起飞和初始爬升期间，电动机最大油门时，转速不得超过最大允许起飞转速；在"不许超越速度"下收回油门滑行时，转速不得超过最大连续转速的110%。

3）对于无恒速控制装置但可操纵桨距的螺旋桨：须具有限制桨距值的装置，以确保符合最小桨距要求和最大桨距要求。

4. 电推进装置安装的范围

飞机电推进装置安装必须包括推进所必需的、影响推进安全的每个部件和为飞机提供辅助动力的每个部件。

5. 电推进装置操作限制及等级

1）等级及操作限制由设计者建立，写入产品数据单，包含本部分涉及的等级及操作限制信息及与系统安全可靠运行相关的信息。

2）电推进装置的操作限制包括如下信息：

● 最大瞬态转速及运行时间；最大瞬态扭矩及运行时间，以及过载次数。

● 最大扭矩及运行时间；功率、电压、电流、频率、电功率品质限制；最大额定温度。

● 持续温度、电压、电流的最大值及最小值；振动等级。

● 电推进装置安全运行的其它相关信息。

3）如上建立电推进装置等级，在此基础上建立需要的工作制，分配如下的功率等级，包括功率、扭矩、转速、时间，如①额定最大持续功率；②额定最大短时功率及相应时间。

4）工作制。电推进装置的工作制确定了系统的功率等级框架。对电动机来说，有一系列的典型工作制（电机标准 IEC60032-1）。由于电推进系统的工作制与等级确定了电推进装置的应用限制，一般电推进装置生产商会指定该装置的工作制。这可以由电推进装置的生产商或者安装商来确定。如 IEC60032-1 中所指出的，多种工作制及相关等级可以确定不同的工作条件。工作制可以由如下之一方法确定：①负载不变或者以固定方式变化；②以时序图为变量；③从 IEC60032-1 中的典型工作制中选择一种。

5）功率等级分配。功率等级定义为"设定额定值及操作条件"，由生产商指定。指定该值时，生产商依据 IEC60032-1 选择一种等级加以定义。

6）电机额定输出。电机额定输出为电机轴输出的机械功率，单位为瓦特（W）。

7）对于具有一个以上额定值的设备，应在各额定值的所有方面符合本规范。对于多功率等级设备，应为每种速度指定一个额定值。当一个额定量（输出、电压、速度等）可能有几个值或在两个限值内连续变化时，应在这些值或限值处说明额定值。

8）指定功率等级后，所有同样类型的电推进系统在两次大修周期之间在同样条件下始终可以提供高于该最低功率值的功率。

6. 电推进装置安装总则

1）每一动力装置安装的构造和布置必须满足直到申请批准的最大高度，均能保证其安全运行，且对于必要的检查和维护是可达的。

2）驾驶员必须能够容易地拆下或打开整流罩的短舱，以便在飞行前检查时动力舱有足够的可达性和敞开性。

7. 电推进系统耐久性

电推进装置必须设计成在大修间隔期或者生命周期内使不安全条件发展的可能性最小。

8. 电推进装置冷却

（1）电推进装置冷却系统基本要求

1）冷却装置必须设计成在各种使用极限范围内都能提供足够冷却。

2）必须在安装手册中明确指出操作者需要满足的温度限制。

3）为了使飞行员或者自动控制系统掌握电推进系统的冷却系统运行状态，必须安装合适的仪表或者传感器。在相关手册或者说明如下情况时除外：

● 冷却系统失效不会对电推进系统造成危害。

● 其它仪表或系统对冷却系统失效或者即将失效能够提供足够的预警。

● 冷却系统不会发生失效。

（2）冷却系统安装

冷却系统安装的基本要求包括以下几点：

1）液冷式发动机需要独立的冷却系统，每台发动机都需要配备冷却液箱，并且冷却液箱的支承部分应使液箱载荷分布在液箱的大部分表面上。

2）冷却液箱和支座之间需要安装防擦伤隔垫或其它隔离措施，这些隔离措施必须是不吸液的材料或经过处理以防止吸收可燃液体的材料。

3）冷却系统任何部分都不得积聚空气或蒸气，冷却液箱的容量至少应为3.78L，加上系统容量的10%。冷却液箱必须能够承受运行中的振动、惯性力和液体载荷，并且需要有至少10%的膨胀空间。

4）加液口接头必须符合相应规定，防止冷却液溢出到其它部分，凹形加液口接头需要有放液嘴，以确保液体能够避开飞机其它部分。导管和接头必须符合规定，发动机冷却液导管的内径不得小于接头直径。

5）散热器需要能够承受振动、惯性力和冷却液压力载荷，允许因温度变化而膨胀，并且需要能够防止有害振动。放液嘴在正常地面姿态下必须能够排出整个冷却系统内的液体，并且能够避开飞机各部分，确保能够锁定在关闭位置。

6）冷却液箱的试验必须符合相应规定，对于非金属软液箱，试验液必须用冷却液代替燃油进行试验。电推进装置的安装包括推进所需的部件和影响主推进装置安全的部件，安装构造和布置必须在最大高度下保证安全运行，易于检查和维护。驾驶员必须能够方便地拆下或打开整流罩的短舱，以确保发动机舱的可达性和敞开性，安装必须符合相应要求和规定。

（3）冷却液箱试验

每个冷却液箱必须按第 CCAR23.965 条进行试验，但在下列要求下除外：

1）第 CCAR23.965 条（a）（1）要求的试验必须用类似的试验来代替，试验的压力为满液箱在最大极限加速度时产生的压力或 24.2kPa（0.246kg/cm²；3.5lb/in²）的压力（两者中取大值），再加上系统的最大工作压力。

2）对于具有非金属软液箱的液箱，试验液必须用冷却液来代替第 23.965 条（d）规定的燃油，软液箱试样的晃动试验必须在工作温度下用冷却液进行。

9. 电推进装置安装附件与结构

（1）电推进装置安装

1）飞机电推进装置的安装包括下列部件：①推进所必需的部件；②影响主推进装置安全的部件。

2）每一电推进装置安装的构造和布置必须满足下列要求：①直到申请批准的最大高度，均保证安全工作；②是可达的，以进行必要的检查与维护。

3）驾驶员必须能够容易地拆下或打开整流罩的短舱，以便在飞行前检查时发动机舱有足够的可达性和敞开性。

4）安装必须满足下列要求：①螺旋桨型号合格证中规定的安装说明；②适用的规定。

（2）电推进装置整体安装点及相关结构能够承受的最大极限载荷必须明确标定

对于螺旋桨正驱动的传统电机，极限扭矩通过平均扭矩乘以 1.33 得到。

（3）电推进装置固定结构必须能够承受的载荷

1）承受指定的极限载荷而不会发生永久变形。

2）承受指定的最大载荷，可以发生永久变形但不会失效。

10. 电推进装置控制

（1）模块化设计

软件、复杂的电子硬件，包括可编程逻辑设备，应该被设计成结构化、模块化，当有失效发生时能够提供民航局认可的验证方式保证安全。

（2）适用性

本部分要求适用于控制、限制、调整或者保护电推进装置运行的系统或部件，同样适用于电推进装置的持续性适航。如果有生产商控制范围之外却影响到电推进装置的部件，其可靠性及功能性需要在安全性分析中明确说明。

（3）验证

应对功能性进行验证。必须通过试验、分析或者两者组合的方式证明电推进控制系统能够以如下方式达到要求的功能：①能够达到并维持飞行包线内不同大气条件下电推进系统声明能够达到的极限值；②在各种可能的系统输入及电推进装置功率需求条件下满足功率需求与功率响应测试，除非能够证明控制功能失效在当前应用条件下不会带来不可预知的影响；③在电推进装置可工作范围内能够以足够的敏感性进行功率调整；④不产生不可接受的功率振荡。

环境限制验证——无法充分证实的环境条件限制必须通过电推进装置系统及部件测试来验证。这些测试需要证明电推进控制系统的功能性不会受到诸如电磁干扰、高强辐射场、雷电等不利环境因素的影响。系统符合的环境条件必须在安装手册中说明。

（4）控制切换

必须能够证明无论是在正常模式下还是在失效发生的情况下，当从一种控制模式到另一种，或当从一个通道到另一个通道，或当从主系统到备份系统时，当某种切换发生时：

1）电推进系统运行不会超出运行限制。

2）电推进系统不会发生不可接受的运行特性或者导致不安全运行条件的超限运行。不可接受的运行特性包括但不限于如下：①转子共振频率场激发；②电磁锁定（失速）；③不可接受的功率变化或者振动；④其它不可接受特性，如电弧、超速、超扭矩等。

3）需要以合适的方式提示飞行员进行控制切换操作。提示方式必须在电推进装置安装手册中说明，控制切换操作方式必须在电推进装置操作手册中说明。

4）功率变化及切换时间必须在电推进装置安装手册及操作手册中详细说明。

（5）控制系统失效

电推进装置控制系统必须：

1）具有与预期应用一致的最大功率控制损耗率；

2）在完全启动配置（即没有当前激活的故障）中，对于与失去功率控制（Loss of Power Control，LOPC）事件有关的电气故障、电气检测和电子故障，基本上是由民用航空管理局（Civil Aviation Authority，CAA）确定的单一容错；

3）没有导致危害电推进装置（Electric Propulsion Units，EPU）效应的单一故障；以及

4）不存在可能导致预期飞机安装中的局部事件的故障，例如电弧、起火、过热，或由于 EPU 控制系统故障或而导致危害 EPU 效应的其他故障。

（6）系统安全评估

此评估必须识别影响正常运行的故障，以及这些故障的预计发生频率。

（7）保护系统

1）EPU 控制装置和系统的设计和功能，以及 EPU 仪表的操作、维护说明，必须提供合理的保证，确保运行期间不会超过影响旋转部件结构完整性或 EPU 电气系统电气完整性的 EPU 操作限制。

2）当提供电子超速保护系统时，设计必须包括一种测试方法，在每个 EPU 启动/停止循环期间确定保护功能的可用性。所采用的方法必须确保能够在最少的循环次数内完成系统的完整测试。如果测试不是全自动的，则手动测试的要求必须包含在 EPU 操作说明中。

3）当通过机械方式提供超速保护时，必须通过试验或其他可接受的方式证明超速功能在检查和维护期间保持可用。

（8）飞机提供的数据

能够导致飞机提供的数据（飞机发出的电源指令信号除外）丢失、中断或损坏的单一故障，或单个 EPU（或完全独立的 EPU 系统）内独立电动系统之间共享的数据必须：

1）不会对任何 EPU 造成危害的 EPU 影响；以及

2）被发现和包容。包容策略不得导致不可接受的功率变化或不可接受的 EPU 运行特性变化。必须在 EPU 安装说明中评估和记录这些故障对 EPU 功率和整个声称的操作范围及操作环境中的 EPU 操作特性的影响。

（9）EPU 控制系统供电

使用专用电源（通常是发动机驱动的永磁交流发电机 PM1）外，还要解决飞机向发动机控制系统供电的问题。飞机提供的电力通常被用作便携式维修辅助设备的备用电源。

1）EPU 控制系统的设计必须确保 EPU 控制系统电源的损耗、故障或中断不会导致以下任何情况：①有危害的 EPU 效应，或者②错误数据产生不可接受的传输，或者③在没有控制功能的情况下，EPU 继续运行。

2）EPU 控制系统的主电源必须具有足够的容量，以确保当使用所有可能的 EPU 电源时，控制系统的主电源运行至少与 EPU 一样长的时间。

3）如果由飞机向 EPU 控制系统提供任何电源，以接通和操作 EPU，则必须在 EPU 安装说明中确定和说明该电源的需求和特性，包括瞬态和稳态电压限制。在 EPU 关断方式方面要求，必须提供能快速切断 EPU 的方式。

11. 电推进装置仪表及传感器连接

1）必须安装必要的仪表或者传感器来保证电推进装置在各种极限条件范围内都能正常工作。

2）仪表和传感器连接必须被设计或者标注以保证实现正确的连接。

3）安全性分析所必需的仪表必须在安装手册及批准文件中标明为电推进装置所必需。

4）传感器及数据传输软硬件必须实现必要的电学与物理上的隔离，以防止故障从仪表显示扩展到控制系统或者造成相反方向的扩展。

12. 电推进系统振动

电推进装置必须设计和构造成在正常转速及电推进装置功率范围内都能正常工作，不会因振动对电推进装置部件带来额外应力，不会给机身结构带来额外的振动力。除了要考虑传统意义上的空气动力学振动激发源，还应考虑旋转部件共振带来的场激发效应。

螺旋桨振动必须表明在正常工作条件下，除常规的定距木制螺旋桨外，每种螺旋桨振动应力不得超过螺旋桨制造人已表明的连续安全使用的应力值。必须用下列方法之一来表明：

1）通过螺旋桨的直接试验测定应力。

2）与已完成该测量的类似装置作比较。

3）能证明该装置安全的任何其他可接受的试验方法或使用经验。

除常规的定距木质螺旋桨外，其它类型螺旋桨在需要时必须出示安全振动特性证明。

13. 电推进系统应力分析

1）必须对每个电推进装置进行机械应力分析，以显示对限制设计的操作条件的完全考虑，并证明 EPU 的每个转子、定子和外壳的设计安全裕度。

2）必须对每个电推进装置进行电气应力分析，证明每个电气部件的电气设计安全裕度高于 220V 交流电压或 48V 直流电压。

3）如果能够证明所有的极限条件都已经过测试，那么该测试将是符合"应力分析"要求的合适方法。

14. 电推进装置时寿件及关键件

（1）制造商应确定非冗余旋转 / 移动部件、轴承、轴安装部件应为关键件或时寿件

1）"关键件"是指其主要故障可能导致危害影响的部件，但其故障机制仅限于高循环疲劳或过载，因此该部件不需要通过一定数量的飞行周期、电推进装置工作小时数等进行更换。

2）"时寿件"是一个关键部件，其失效机制包括低周疲劳、蠕变或其它机制，以便在累积一定数量的飞行周期、运行时间等后，必须更换该部件，以确保可接受的安全水平。电推进装置寿命有限的部件包括但不限于旋转 / 移动部件、轴承、轴、非冗余安装部件、高压电气部件或整个电推进装置。

（2）关键件的要求

安全分析确定的每个关键部件的完整性必须通过以下方式确定：

1）一个确定的工程过程以确保关键件在整个使用寿命内的完整性。

2）一个确定的制造过程，确定了按照工程过程的要求一致地生产关键零件的要求；以及

3）定义的服务管理过程，根据工程过程的要求确定关键件的持续适航要求。

（3）对时寿件操作限制的要求必须通过批准程序来确定

该批准程序规定每个时寿件的最大允许飞行次数。制造商将通过以下方式确定每个时寿件的完整性：

1）一份工程计划，包含确保在危害影响发生之前，每个时寿件在批准的寿命内退出使用所需的步骤。这些步骤包括经过验证的分析、试验或使用经验，以确保荷载、材料特性、环境影响和运行条件的组合，包括影响这些参数的其它部件的影响，是充分已知和可预测的，从而可以确定运行限值并为每个寿命有限的部分进行维护。制造商必须进行适当的损伤容限评估，以解决在批准的零件寿命内材料、制造和服务引起的异常故障的可能性。制造商必须在持续适航说明的适航限制部分中公布一份时寿件清单和每个部件的批准寿命。

2）制造计划，它确定了持续生产每一个具有工程计划所要求属性的时寿件所必需的特定制造约束。

3）服务管理计划，它定义了在役维修过程，以及每个时寿件的维修限制，这些零件将保持与工程计划要求的属性一致。这些程序和限制将成为持续适航指示的一部分。

15. 电推进装置风车运转

（1）电推进装置主旋转系统在飞行时关闭

如果电推进装置主旋转系统在飞行时由于任何原因关闭，电推进装置主旋转系统继续旋转，并且如果没有提供阻止持续旋转的手段，则在最大飞行期间和在预期的电推进装置不正常运行的飞行条件下，任何电推进装置主旋转系统都会继续旋转，不会导致安全分析要求中定义的任何危害电推进装置条件。

（2）在断电操作期间，可由推进器反向驱动电推进装置的电推进装置配置设计

1）如果绕组短路的时间与适用的持续运行时间一致，则在反向驱动期间产生的反电动势不会导致电推进装置和相关系统的灾难性故障；或

2）如果提供了在断电操作期间将推进器与电机断开或防止后驱动的装置，应分析和证明这些装置的安全性，以防出现故障或意外操作时产生额外危险。

16. 安全性分析

（1）故障后果分析

必须分析电推进装置设计，包括控制系统，以评估所有可能发生的故障的可能后果，该分析应包括：

1）假设与典型装置相关的飞机级装置和程序，所有假设必须在分析中陈述。

2）具有电推进装置级后果的二次故障和潜在故障。

（2）对故障的处理

可能导致主要电推进装置效应或危害电推进装置效应的故障，必须用这些效应发生概率的估计值进行总结。任何电推进装置部件，其故障可能合理地导致危害的电推进装置效应，必须在本概要中明确标识。

（3）关键部件的标识

某些单一电推进装置元件的主要失效不能用数值来合理估计。如果这些元件的故障可能导致有危害的电推进装置效应，则必须将这些元件识别为电推进装置关键部件。电推进装置关键部件应符合规定的完整性规范。必须在安全分析中说明这些情况。

（4）基本电推进装置故障的组合

如果依赖安全系统以防止故障发展为有危害的电推进装置效应，则安全系统故障的可能性分析中必须包含带有基本电推进装置故障的组合。此类安全系统可包括安全装置、仪表、预警装置、维护检查和其它类似设备或程序。安装和操作说明中必须规定不属于电推进装置的缓解措施要求。

（5）安全性分析分析中项目的确定并证实

如果安全性分析包括以下一个或多个项目，则必须在分析中确定并证实这些项目：

1）按规定的时间间隔进行维护，包括验证可能以潜在方式失效的物品的可用性。当需要防止危害的电推进装置影响时，这些维护措施和间隔必须在持续适航说明和相关手册中公布。此外，如果电推进装置（包括控制系统）维护中的错误可能导致有危害的电推进装置影响，则相关的电推进装置手册中必须包括适当的程序。

2）在飞行前或其他规定时间验证安全装置或其他装置的正常运行。详细信息必须在相应的手册中公布。

3）无其它要求的特定仪器的规定。

4）操作说明中规定的机组人员动作。

（6）适用于电推进装置的故障定义

除非 CAA 另有批准和安全分析中另有说明，以下故障定义适用于电推进装置：如果电推进装置故障的唯一后果是电推进装置部分或完全断电，则该故障将被视为轻微的电推进装置影响。

17. 电推进系统试验

（1）不安全状况的说明

EPU 的设计和生产必须尽可能减少 EPU 在持续适航性说明中规定的维护或大修期间（如适用）出现的不安全状况。

（2）EPU 测试的一般操作

1）在进行 EPU 试验时，可在振动、耐久性和运行试验中使用相同设计和结构的不唯一的 EPU，但如果耐久性试验使用不同的 EPU，则必须在通电进行耐久性试验之前对其进行校准检查。

2）EPU 的维护和小修可在试验期间根据持续适航性说明中提交的维修和保养说明进行。如果维修频率过高，或因 EPU 故障而停止的次数过多，或在堵转试验期间发现有必要进行大修或更换零件，或由于拆解检查的结果，则必须对 EPU 或其零件进行 CAA 认为必要的任何附加试验。

3）一组基础测试可以用来形成一个测试序列，可以作为一个连续测试的测试条件的组合来完成，也可以单独使用。

4）为证明符合要求而进行的试验结束后，每个 EPU 部件或单个部件组必须满足拆解检查的要求，应该考量在拆卸过程中发现的后果。如果测试是作为组合序列运行的，并且在拆解检查过程中有问题，那么可能不清楚哪个特定的测试是问题的来源，必须查找到问题来源。

（3）耐久性测试

1）必须对循环和功率设置进行足够持续时间的耐久性和耐久性试验，以表明 EPU 的每一部分的设计和制造都能最大限度地减少大修期间或 EPU 寿命期间（如果未规定大修间隔）系统任何不安全状况的发展。试验持续时间，试验次数循环和试验进度定义应提供足够的耐久性证明，说明可能导致主要 EPU 效应或危害 EPU 效应的失效模式。测试计划必须通过验证的分析方法、经验测试或具有类似设计的 EPU 或电机经验来证明。在耐久性试验期间，必须证明 EPU 功率和输出轴转速在额定值的 100% 或以上。使用单独取得适航证螺旋桨的 EPU 的耐久性试验中，该螺旋桨将 EPU 推入最大推力，EPU 被设计成能够承受规定的所有适用的工作条件。耐久性和耐久性试验必须在代表型式设计的 EPU 上进行。必须记录对型式设计的任何偏差。必须证明与型式设计的任何记录偏差不会影响试验结果。

2）耐久性和耐久性试验必须至少包括以下要素：①由一定运行时间组成的包括额定起飞功率，最大持续功率和最小功率运行，在操作期间可以由控制系统执行；②在最大持续功率和连续低功率设置下交替运行的一系列运行，应选择功率设置范围，以暴露任何有害的系统响应或振动；③每个操作周期必须在转速、扭矩、温度和任何其他被认为是确保EPU安全性的参数的稳定值下进行，以达到稳定状态值；④在确定的额定值和占空比下，电动机和电动机控制器的稳定温度必须等于或大于与该额定值相关的温度。

（4）振动测试

1）必须对每个EPU进行分析，以确定可能受到机械或空气动力诱导振动激励的部件的振动特性在整个公布的飞行包线内都是可接受的。螺旋桨轴的扭转和弯曲振动特性，在螺旋桨速度和功率的范围内，在稳态和瞬态条件下，从控制系统在运行期间可控制的最小轴速度到超过最大期望的轴速度，这是边界条件。必须建立足够的速度来确定最大振动应力。必须使用分析方法、先前经验或经验数据（如适用）证明该边界条件的合理性。对于飞机EPU，必须使用用于耐久性和耐久性试验的螺旋桨的相同配置进行EPU试验，对于其他EPU，必须使用用于耐久性和耐久性试验的加载装置类型的相同配置。

2）EPU测试应涵盖每个旋转部件系统的功率范围，对应于定义的飞行包线中的整个环境条件范围内的操作，从控制系统可控制的最小转速直到额定持续时间2min或更长时间最大转速的103%，以及所有其他允许转速的100%，包括超速。如果存在在所需转速最高的应力峰值的任何指示，则EPU试验应进一步延伸，以揭示存在的最大应力值，除了延伸不需要覆盖超过2%以上的那些速度以外的增加。

3）除相关的规定外，与确定的振动特性相关的振动应力，当与适当的稳态应力结合时，必须小于相关材料的耐久极限，在适当考虑材料性能允许变化的操作条件后，这些应力裕度的适用性必须对每个评估的零件进行证明。如果轴的最大应力不能通过测量显示在耐久极限以下，则必须测量振动频率和振幅。EPU必须在产生一些应力反向峰值振幅的条件下运行，足以确保在使用中不会发生疲劳失效。或者，EPU可以在产生峰值振幅的条件下运行，直到1000万应力逆转得到维持，而钢轴没有疲劳失效，对于其他轴，直到证明疲劳不会在材料的持久极限应力范围内发生。如果确定需要限制某些操作条件或范围，则应确定操作和安装限制。对于由不具有耐久性限制的材料制成的轴，应制定操作和安装限制。

4）应通过试验或分析评估故障条件（例如但不限于旋转部件失衡、局部气流阻塞等），或电磁场引起的激励对激振力振动特性的影响，或参考以往经验，并应证明不会为 EPU 造成危害条件。

5）对于可能影响 EPU 振动特性的每个特定安装配置，应证明符合要求。如果在 EPU 认证期间无法对这些振动影响进行充分调查，则应在安装说明中证实和定义评估这些振动影响的方法和显示符合性的方法。

（5）地面操作测试

测试必须包括：

1）通电、空转、加速、超速，使用代表预期安装状态的负载。

2）EPU 在其规定的操作范围内具有安全操作特性。由于某些属性与温度和海拔高度有关，因此评估应包括对热力和电气系统性能的评估。对于电气系统应包括导致故障的现象，如局部放电、电晕电弧和介质击穿。

3）当控制系统命令的设定值增加时，功率从最小到最大额定功率且 EPU 没有有害因素发生。

4）在足以保证飞机安全运行的时间间隔内，从控制系统所能控制的最小可获得功率到最高额定功率，功率响应必须在稳定状态下发生。

18. 电推进系统分解检查

完成耐久性试验、振动试验后：

1）每个 EPU 必须完全拆卸。

2）每一个具有调整设置和功能特性的 EPU 部件，可以独立于 EPU 上或 EPU 中的安装进行操作，必须将每个设置和功能特性保持在试验开始时操作和记录的限制范围内。

3）每个 EPU 部件必须符合型号设计，并可以根据持续适航说明提交的信息并入 EPU，以持续运行。

4）如果 EPU 以不破坏则无法检查的方式组装，例如用环氧树脂粘接在一起的，拆卸后它将是无法重复使用的，则可以提出替代检查，如可以对电气系统进行无损检测。然而，这些替代方法必须保证检查的关键方面，必须在拆卸时参考构建时的预测量。如果不进行拆卸，则 EPU 的寿命极限将根据进行的耐久性试验的结果确定。

3.2　航空动力锂电池适航标准和验证方法

锂离子电池相对镍镉、铅酸等传统电池具有能量密度高、工作电压高、自放电率低、循环寿命长、充放电效率高等优点。随着技术的不断发展和工艺的改进，锂离子电池的性能得到大幅度提升，但针对电动飞机动力锂电池的适航验证，目前还没有成熟的适航标准可供借鉴。

3.2.1　国内外动力锂电池标准

国内外对锂电池单体安全规范的要求涵盖了 19 个主要标准。

我国早期推出的锂电池安全规范标准包括 GB/T 8897.4—2008《原电池 第 4 部分：锂电池的安全要求》、GB 21966—2008《锂原电池和蓄电池在运输安全中的要求》、GB 31241—2014《便携式电子产品用锂离子电池和电池组的安全要求》和 QC/T 743-2006《电动汽车用锂离子蓄电池》等，涵盖了锂原电池、手机锂离子电池以及车用锂离子电池等领域。随着便携式电子产品种类的增加和新能源汽车的普及，强制性标准 GB 38031—2020《电动汽车用动力蓄电池安全要求》应运而生，更广泛地应用于锂离子电池产品的安全规范测试中。至今，我国锂电池的安全规范标准基本覆盖了锂电池在便携式电子产品、车用、储能以及航空等领域的应用。

联合国针对危险品运输制定了《联合国危险物品运输试验和标准手册》，2020 年更新到第 7 版，其中第 3 部分第 38.3 款单独列出了锂电池，联合国规定各类锂电池运输必须符合该条款的要求。北美制定了 UL 系列标准，其中 UL1642：2015《锂电池安全标准》和 UL2054：2015《家用和商用电池》针对锂离子电池的测试要求严格。欧洲执行的锂电池相关标准有 IEC62133-2：2017《含碱性或其他非酸性电解质的蓄电池和蓄电池组 - 便携式密封蓄电池和蓄电池组的安全性要求 第 2 部分 锂系》、IEC60086 系列及 IEC62619：2017《含碱性或非酸性电解质的蓄电池或蓄电池组 - 工业用锂离子电池或锂离子电池组》、IEC62660 系列及 IEC62281：2019《锂原电池和蓄电池的运输安全要求》，并且每隔几年即进行标准更新。

综上所述，动力电池的标准可以划分为三大类：机械安全（振动、冲击、挤压等)、电气安全(短路、过充、过放等)和环境安全(热冲击、温湿循环、高温等)。国内外标准在各个检测项目的检测条件上存在一些差异,但整体上说区别不大。

3.2.2 航空动力锂电池标准

为了实现锂离子电池的安全性能科学评估,国内外、各行业标准化组织一直致力于动力锂电池评测方法的研究和标准制定工作。国外针对航空锂电池编制了 DO311A 标准和 AC20-184 专用条件,如图 3-2 所示。DO311A 作为国际专门针对航空领域锂离子电池的标准规范,于 2017 年发布,主要针对机载设备锂电池与起动机用锂电池,从设备层面和系统层面提出了更高的性能要求。目前航空用动力锂电池也大多基于 DO311A 为基础进行引用和编写,主要分为设备性能试验和安全试验。

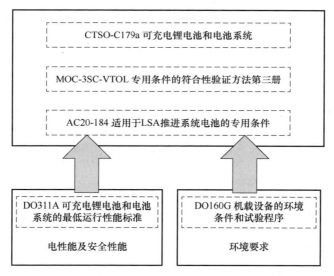

图 3-2 航空锂电池标准及专用条件

美国 UL1642 检测标准由美国保险商实验室(UL 公司)于 1985 年 10 月首次发布,旨在减少锂电池在使用中的火灾或爆炸风险。经过 5 次修改,现行有效版本为 2012 年 3 月 13 日版。UL1642 包括总计 12 项测试,涵盖 4 项环境试验、4 项机械安全试验和 4 项电安全试验,适用于可再充电和不可再充电的锂电池芯,包括金属锂电池或锂离子电池,单独或串联、并联或串 / 并联组成的电池。

UN38.3 是指《联合国危险物品运输试验和标准手册》第 3 部分 38.3 款的

规定。根据该规定，锂电池在运输前需要经过一系列测试，包括高度模拟、高低温循环、振动试验、冲击试验、55℃外短路、撞击、过充电和强制放电试验，以确保运输安全。如果锂电池与设备未安装在一起且每包装件内电池芯超过 24 个或电池超过 12 个，还需要进行 1.2m 自由跌落试验。

针对锂离子动力电池的测试标准是 IEC62660：2010，该标准由国际电工委员会（IEC）于 2010 年发布。IEC62660：2010 包括 9 个测试项目，其中包括 2 项环境试验、3 项机械安全试验和 4 项电安全试验。该标准并未制定测试通过或失败的具体标准，而是基于测试现象对安全等级进行描述。此外，在测试完成后，还需要进行不同温度下的容量测试，以评估电动汽车的锂离子电池性能。IEC62660 专用于驱动电动汽车的锂离子电池的性能测试。GB/T 31485—2015《电动汽车用动力蓄电池安全要求及试验方法》由中华人民共和国工业和信息化部提出，并由全国汽车标准化技术委员会制定，规定了电动汽车用动力蓄电池的安全要求、试验方法和判断标准，目前已作为我国国家强检项目之一。GB/T 31485 针对单体电池共包括 3 项环境试验、3 项机械安全试验和 4 项电安全试验，共 10 个测试项目。单体电池标准对比见表 3-1。

表 3-1 单体电池标准对比

试验项目	试验内容	测试标准			
		UL1642	UN38.3	IEC62660	GB/T 31485
电安全性试验	高温外部短路	√	√		
	室温外部短路	√		√	√
	内部短路	√		√	√
	过充电	√	√		√
	过放电			√	√
环境试验	低气压	√	√		
	加热	√		√	√
	温度循环	√	√	√	
	海水浸泡	√			
	喷射				
机械安全试验	振动	√	√	√	
	加速度冲击	√	√	√	√
	重物撞击	√	√	√	√
	挤压	√			
	跌落				

3.2.3　系统性能及安全试验

RTCA/DO-311A 由美国航空无线电技术委员会（RTCA）225 特别委员会（SC-225）编写，并于 2017 年 12 月 19 日由 RTCA 项目管理委员会（PMOC）批准。它取代了 2008 年 3 月 13 日的 RTCA/DO-311。它还取代了 2013 年 12 月 18 日发布的中小型可充电锂电池和电池系统的 DO347 认证测试指南。

DO311A 适用于永久安装在飞机上的可充电锂电池和电池系统，当电池或电池系统作为飞机型号设计（或补充 / 修改的型号设计）的一部分时，它被视为永久安装的设备。本标准也适用于作为型式设计一部分的便携式电子设备（Portable Electronics Device，PED）中所含的可充电锂电池。DO311A 主要针对机载设备锂电池系统和起动机用锂电池系统，其中大部分章节对航空动力电池有普遍指导意义，但个别条款并不合适，需与当地适航审定部门进行沟通协调。

1. 绝缘电阻测试

过大的漏电流会导致电池过度自放电，干扰高阻抗电路的工作，重放电过程加热会加剧绝缘劣化。绝缘电阻测试测量电源电路通过蓄电池中使用的绝缘材料对泄漏电流的电阻。

DO311A 中规定需要在测试点施加至少 60s 的 500V 直流电压。如果所施加的直流电压可能对敏感电子元件造成损坏，则可将其降低至标称蓄电池电压的两倍（±10%）。绝缘测试方法对比见表 3-2。

表 3-2　绝缘测试方法对比

标准	测试温度 /℃	施加电压	施加时间	指标要求
DO311A	23	500V 或标称电压的两倍	1min	不小于 10MΩ、环境试验后不小于 2MΩ
GB /T 38031	25	500V 或标称电压的 1.5 倍	30s	不小于 500Ω/V

2. 手柄强度测试

手柄应能承受 2 倍电池重量的静态负载，而不存在电池外壳、盖、手柄或手柄座断裂、弯曲、撕裂或破裂的迹象。手柄强度测试方法对比见表 3-3。

表 3-3　手柄强度测试方法对比

标准	测试温度 /℃	施加重量	施加时间	指标要求
DO311A	23	2 倍电池重量	无	手柄或手柄座无断裂、弯曲、撕裂或破裂
GB/T 38031	25	无	无	无

3. 电池系统额定容量

独立使用电池的额定值应为 I_1。如果电池不能以 I_1 速率放电（即 I_{max} 小于 I_1），则额定容量应基于制造商声明的最大连续放电速率（I_{max}）进行。此容量测试用于验证电池的额定容量，并应在 23℃时以 I_1 的速率进行。如果电池不能以 I_1 的速率放电，则以 I_{max} 的速率进行测试。额定容量测试方法对比见表 3-4。

表 3-4　额定容量测试方法对比

标准	测试温度 /℃	放电速率	测试方法	指标要求
DO311A	23	I_1，如不能 I_1 则为 I_{max}	放电至 EPV	放电容量不小于额定容量的 100%
GB/T 31486	25	I_1	5 次充放电循环，取 3 次放电容量平均值	放电容量不低于额定容量且不超过额定容量的 110%

4. 低温和高温时的容量

电池在工作低温和工作高温下放电时，应符合设计文件中规定的低温和高温容量值。该容量试验应在规定温度下以 I_1 的速率进行，如果电池不能以 I_1 速率放电，则以 I_{max} 速率运行测试。低温和容量测试方法对比见表 3-5。

表 3-5　低温和容量测试方法对比

标准	测试温度 /℃	放电速率	测试方法	指标要求
DO311A	23	I_1，如不能 I_1 则为 I_{max}	放电至 EPV	放电容量应不小于设计文件中规定的低温和高温容量值
GB/T 31486	25	I_1	5 次充放电循环，取 3 次放电容量平均值。	低温放电容量不低于初始容量的 70% 高温放电容量不低于初始容量的 90%

另外，GB/T 31486 中还规定有高温倍率充电性能的要求。

5. 高倍率电池的恒压放电

该试验的目的是确定峰值功率电流（I_{PP}）和额定功率电流（I_{PR}）。该试验仅适用于高倍率电池。在试验的温度稳定和放电部分，不允许使用外部电源。恒压放电测试方法对比见表3-6。

表3-6　恒压放电测试方法对比

标准	测试温度/℃	恒压电压	测试方法	指标要求
DO311A	23	标称电压的一半	保持与标称电池电压一半相对应的恒定终端电压不少于15s	电池应达到或超过设计文件中规定的I_{PP}和I_{PR}额定值
GB/T 31486	无	无	无	无

测试主要针对于起动机用锂电池系统，目前新能源行业并无此要求，各主机厂对于恒压测试的测试要求也不尽相同，国家标准对此无强制要求。

6. 充电接受能力

在电池组放电至最低放电电压后，电池在充电1h时应接受足够的充电，以满足设计文件中规定的1h充电接受容量值。

充电接受测试评估蓄电池在放电至EPV后在室温和低温条件下接受充电的能力。这表示在安装或其他操作之前，电池可以充电的速率。此测试还评估电池在充电后立即用于紧急或非紧急负载的能力。充电接收能力测试方法对比见表3-7。

表3-7　充电接收能力测试方法对比

标准	测试温度/℃	放电速率	测试方法	指标要求
DO311A	23和制造商声明的低温	I_1 或 I_{max}	放电至EPV后进行1h充电	充电容量应满足设计文件中规定的1h充电接受容量值
GB/T 31486	25	I_1		

7. 电荷保持能力

电池储存28d（天）时的容量不得小于设计文件中规定的值。

警告：该试验可能导致电池放电超出其安全极限，并且在随后的充放电循环中，由于可能发生火灾或爆炸，从而引起安全问题。

该实验通过测量在室温和 50℃下储存 28d 后的电荷保持率来确定温度对自放电的影响。荷电保持能力测试方法对比见表 3-8。

表 3-8   荷电保持能力测试方法对比

标准	测试温度 /℃	存储时长	测试方法	指标要求
DO311A	室温 50	28d 28d	存储前的室温容量 1，充满电进行存储。存储后测量室温容量 2	保留百分比 =（容量 2）/（容量 1）×100，电池储存 28d 时的容量不得小于设计文件中规定的值
GB/T 31486	45	28d	满电状态 $1I_1$ 放电 30min 存储	恢复容量不低于初始容量的 90%

8. 短时高温快速放电

当在短时高温下进行快速放电时（按照 RTCA/DO-160G 第 4 部分中制造商声明的类别）。快速放电表明电池能够在最高温度和电流下工作。快速放电试验以 I_{max} 速率或 $10I_1$ 速率进行，以较小者为准。如果 I_{max} 或 I_{EUT} 速率小于 I_1 速率，则不需要此测试。嵌入式电池无须进行该试验，根据 RTCA/DO-160G 第 4 部分进行的短时工作高温试验满足要求。

国标中无短时高温快速放电的要求。

9. 带保护的短路测试

在启用保护的情况下进行短路测试，以显示当蓄电池或蓄电池系统处于短路状态时保护电路的有效性。断开外部电源以确保电源仅来自蓄电池。定义的短路试验将在能够传送电池储存电能的任何和所有端子 / 连接器上进行。对于没有保护电路的电池或电池系统，通过对没有保护的电池进行短路试验来满足该试验的要求，因此该试验不适用。带保护的短路测试方法对比见表 3-9。

表 3-9   带保护的短路测试方法对比

标准	测试温度 /℃	线束要求	测试方法	指标要求
DO311A	室温	电阻不超过 100mΩ 高倍率电池，电阻不超过 2mΩ	所有内部或外部保护电路应完全工作，对 EUT 进行短路，恢复室温后继续短路 1h	电池系统无碎片释放、无火焰泄漏、没有破裂，保护电路应起作用

（续）

标准	测试温度 /℃	线束要求	测试方法	指标要求
GB/T 38031	20 ± 10	不超过 5mΩ	短路直至保护功能起作用或外壳温度稳定 1h	不起火、不爆炸

10. 过放电试验

当电池达到放电保护极限并允许长时间保持放电状态时，由于寄生负载和自放电，电池将继续放电。发生这种情况时，可能会对一个或多个电池造成内部损坏，并在随后充电时造成危险。为了加速达到过放电状态，过放电保护电路被禁用（如果存在）并增加一个电阻器。当蓄电池或蓄电池系统处于过放电状态后试图重新充电时，执行此测试以显示充电抑制电路的有效性。对于无充电抑制电路的电池或电池系统，该试验通过无保护的过放电试验得到满足，因此该试验不适用。过放电试验方法对比见表 3-10。

表 3-10　过放电试验方法对比

标准	测试温度 /℃	放电截止	测试方法	指标要求
DO311A	23	EPV 的 5%	满电状态 $1I_1$ 放电至 EPV，使用 $1Ω$ 电阻继续放电至 5%EPV	充电抑制保护发挥作用
GB/T 38031	20 ± 10	额定电压的 25%	调整 SOC 较低水平，放电直至保护电路起作用或额定电压的 25%	不起火、不爆炸

11. 过充测试

在启用保护的情况下进行过充试验，以显示当蓄电池以 1.5 倍额定蓄电池电压过充时，蓄电池或蓄电池系统的保护电路的有效性。过充保护电路应防止电池暴露在可能导致热失控的过充条件下。对于没有过充保护电路的蓄电池或蓄电池系统，不需要进行此测试。过充测试方法对比见表 3-11。

表 3-11　过充测试方法对比

标准	测试温度 /℃	限制要求	测试方法	指标要求
DO311A	室温	额定电压 1.5 倍，电流限制 $2I_1$ 或 $2I_{max}$	在充电电流在 60 分钟内变化不超过 $5\%I_1$（或 I_{max}）之前，不得切断电源	电池系统无碎片释放、无火焰泄漏、没有破裂，保护电路应起作用

(续)

标准	测试温度 /℃	限制要求	测试方法	指标要求
GB/T 38031	20 ± 10	不超过 5MΩ	短路直至保护功能起作用或外壳温度稳定 1h	不起火、不爆炸

12. 单体电芯短路测试

该试验旨在确定当没有短路保护、短路保护失效或短路保护在短路上游时，对外部短路的影响。这些故障可能是由于保护电路的缺陷或制造缺陷造成的。该测试提供有关最大预期输出电流的信息。断开外部电源以确保电源仅来自蓄电池。应在所有多电池或电池系统上进行该试验，无论它们是否包含保护电路。单电池不需要进行该测试。国标中对系统中单体电池短路无要求。

13. 去除保护的电池组短路

该试验旨在确定当没有短路保护、短路保护失效或短路保护在短路上游时，对外部短路的影响。这些故障可能是由于保护电路的缺陷或制造缺陷造成的。该测试提供有关最大预期输出电流的信息。断开外部电源以确保电源仅来自蓄电池。应在所有多电池或电池系统上进行该试验，无论它们是否包含保护电路。单电池不需要进行该测试。国标中仅有带保护的短路测试，不要求去除保护的短路测试。

14. 去除保护的过放

当电池达到放电保护极限并允许长时间保持放电状态时，由于寄生负载和自放电，电池将继续放电。发生这种情况时，可能会对一个或多个电池造成内部损坏，并在随后充电时造成危险。为了加速达到过放电状态，过放电保护电路被禁用（如果存在），增加一个负载电阻，试验环境保持在38℃。试验旨在证明电池或电池系统能够承受多次过放电条件和随后的充电循环。国标中仅有带保护的过放电测试，如果测试中保护电路未起作用，则要求将电压放电至额定电压的 25% 为止，DO311A 要求放电至 5%EPV，要远高于国家标准。

15. 单体电芯热失效包容性

测试的目的是确定当单个电池被强制进入热失控状态时，受验设备控制由此产生的影响的有效性。如果在进行电池热失控安全包容性试验时，满足单电池热失控安全包容性的要求，则无须进行单体电芯热失控安全包容性试验。

下面提供了两种试验方法来诱发热失控。两种试验方法均应运行。如果两种测试方法都不能产生热失控，则无法达到该测试的目标。在这种情况下，遵守本标准需要与民航局适航审定处、审定中心或适用的监管机构进行协调。单体电芯热失控方法对比见表 3-12。

表 3-12　单体电芯热失控方法对比

标准	测试温度 /℃	试验对象	测试方法	指标要求
DO311A	55	靠近电池系统中心的单体电池	推荐使用过充或者过热方法触发热失控	电池系统无碎片释放、无火焰泄漏、没有破裂，排放的气体符合要求
GB/T 38031	大于 0	电池包内靠近中心位置，或被其他单体包围的单体	推荐使用过充或者过热方法触发热失控	5min 内不起火、不爆炸

16. 电池系统热失效包容性

进行该测试是为了确定当多个电芯（两个或多个）被强制进入热失控状态时，EUT 控制结果的有效性。由于不可预见的故障模式或扩散，多个电芯可能会进入热失控状态。该试验不适用于单电池。下面提供两种方法来诱导热失控，应使用两种测试方法之一进行测试。如果选定的试验方法没有产生热失控，则应使用另一种方法。如果两个或多个电芯没有发生热失控，则未达到该测试的目标。在这种情况下，遵守本标准需要与民航局适航审定处、审定中心或适用的监管机构进行协调。国标仅进行单体电池热扩展试验。

17. 爆炸包容性

当电池发生故障时，它可能会释放出易燃气体或液体，也可能是点火源。进行该试验的目的是确定当一个或多个电池发生故障并在存在火源的情况下释放可燃气体时，受验设备控制爆炸的有效性。该试验不是为了验证电池是否安装在爆炸性环境中。

测试仅适用于容量大于 100W·h 的电池。国家标准无此项要求，该试验与 DO160G 中爆炸性大气试验也有明显不同。爆炸性大气试验用于确定机载设备在混合的燃料和空气爆炸性大气中工作而不引起爆炸的能力；确定带外壳的机载设备隔断其内部发生的火焰与爆炸不至于蔓延到外部的能力。

3.2.4　环境试验

RTCA/DO-160G由美国航空无线电技术委员会（RTCA）135分会（SC-135）制定，RTCA计划管理委员会（PMOC）批准。DO-160G为机载设备定义了一系列最低性能环境试验条件（类别）和相应的试验方法，目的是为在使用过程中会遇到的典型环境条件下性能特性提供试验室方法。根据DO311A中的要求，目前航空动力电池主要选用DO160G部分章节进行环境适应性试验及机械安全性试验，具体试验选择如图3-3所示。

图 3-3　航空动力锂电池环境试验要求内容

3.2.5　锂电池适航标准在 RX1E-A 电动飞机上的应用

RX1E-A 双座电动飞机锂电池作为新生事物没有可用的适航标准，通过参考

ASTM WK56254-6 和 DO311A 等标准制定了专门的验证方法。表 3-13 是 RX1E-A 飞机锂电池适航审定相关标准符合性的验证内容和方法总结归类。

表 3-13 RX1E-A 飞机锂电池验证内容和方法

序号	验证内容	验证方法
1	低温下的 $1I_1$（A）容量	锂电池系统低温下的 $1I_1$（A）容量试验
2	充电保持	锂电池系统充电保持试验
3	储存	锂电池系统储存试验
4	外部短路保护	锂电池系统外部短路保护试验
5	去除外部短路保护	锂电池系统去除外部短路保护试验
6	充电能力	锂电池系统充电能力试验
7	绝缘电阻与介电强度	锂电池系统绝缘电阻与介电强度试验
8	典型工况	锂电池系统典型工况
9	过充电保护	锂电池系统过充电保护试验
10	振动	锂电池系统振动试验
11	运行中的振动	锂电池系统运行中的振动试验
12	高电压暴露保护	锂电池系统高电压暴露保护试验
13	温度冲击	锂电池系统温度冲击试验
14	湿度	锂电池系统湿度试验
15	防水性	锂电池系统防水试验
16	高温下的物理完整性	锂电池系统高温下的物理完整性试验
17	手柄强度	锂电池系统手柄强度试验
18	单点过放保护，单点过充保护，单点热失控	锂电池系统单点过放保护试验，锂电池系统单点过充保护试验，锂电池系统单点热失控试验
19	循环寿命	锂电池系统循环寿命试验
20	深度放电	锂电池系统深度放电试验
21	电磁兼容	锂电池系统磁效应、射频、静电放电等电磁兼容试验

第 **4** 章
电动飞机电推进系统相关技术适航审定标准

4.1 某型号飞机电推进系统专用条件

电动飞机的电推进系统具有与传统燃料飞机不同的新设计特点，使得现有适航规章无法完全适用，因此需要通过建立专用条件来保证航空器的等效安全水平（Equivalent Level of Safety，ELS）。专用条件是对现有适航规章的补充或替代，具有同等法律效力。如果某个专用条件不仅适用于单个航空器产品，而是普遍适用于其他多种航空器产品，适航管理部门可能会在确保安全水平不降低的前提下，修改现有的适航规章，以适应这一新增的普遍现象。

基于某型号电动飞机的设计特征，根据《民用航空产品和零部件合格审定规定》第21.16条规定，针对该型飞机颁发1份专用条件《某型飞机电推进系统（EPU）》（SC-23-17），详述如下。

1. 电推进系统额定值和使用限制

必须确定如下参数的额定值和使用限制

1）工作制和该工作制下的额定值。

2）以下状态下的功率、扭矩、转速和对应时间的使用限制：①额定最大连续功率；②额定起飞功率。

2. 防火

电推进系统的设计和构造及所用的材料必须使着火和火焰蔓延的可能性减

至最小。高压电气线路互联系统必须具有电弧防护功能。必须分析任何未受保护的电气线路互联，以表明电弧故障不会导致电推进系统灾难性失效。

3. 耐久性

在规定的维护周期内，电推进系统的设计和构造应尽量减少电推进系统不安全状况。

4. 电推进系统安装构件和结构

电推进系统安装构件和相关电推进系统结构应符合如下要求：

1）必须规定电推进系统安装构件和相关电推进系统结构的最大允许限制载荷和极限载荷。

2）该电推进系统安装构件和相关电推进系统结构必须能承受下列载荷：①规定的限制载荷并且没有永久变形；②规定的极限载荷并且没有破坏，但可以出现永久变形；③电机扭矩载荷需要由平均扭矩乘以扭矩系数 1.33。

5. 电推进控制系统

1）适用性：本节的要求适用于所有用于控制、限制、监测或保护电推进系统运行的系统或装置。

2）电推进控制系统：电推进控制系统必须确保电推进系统不会超过任何使用限制。

3）验证：控制系统的所有功能必须通过试验、分析或其组合方法进行验证，以表明电推进控制系统在整个规定的运行范围内实现预期功能。

4）环境限制：不能通过耐久性试验、分析或其组合充分验证的环境限制，必须通过本专用条件第 18 节中的系统和部件试验进行验证。

5）电推进控制系统故障：电推进控制系统必须：①预期应用一致的电控失效（LOPC）事件的最高定额；②必须确定在完整构型中允许发生针对 LOPC 事件的电气和电子失效引起的单一故障；③不能有导致电推进系统灾难性失效的单一故障；④在预期的应用中，不能有导致电弧、火灾、过热或其他类似事件的故障。

6）系统安全评估：该评估必须确定影响正常运行的故障或失效，以及预计发生的频率。

7）保护系统：电推进控制系统的设计和功能、相关仪表以及操作和维护说明，必须确保电推进系统在运行中不会超过使用限制。

8）电推进控制系统供电：电推进控制系统的设计必须确保控制系统单一电源的丧失、故障或中断不会导致电推进系统灾难性失效（如本专用条件中的定义）。

6. 仪表连接

1）作为本专用条件中控制系统安全评估的一部分，必须评估仪表、传感器或连接器错误装配的可能性和后果。如需要，必须在系统中采用防错设计。

2）除非在结构上能防止错接仪表，否则要求电推进系统仪表的每个连接件都必须做标记。

7. 关键件和限寿件

1）必须通过安全分析或被认可的方法，证明旋转或移动部件、轴承、轴、静态部件和非冗余安装部件为关键件或限寿件，并确保在其整个使用寿命期间作为关键件或限寿件进行分类、设计、制造和管理：①关键件是指其故障可能导致电推进系统灾难性失效的零件，如本专用条件中的规定；②限寿件是指转子和主要结构静态零件，其故障可能由于低周疲劳（Low Cycle Fatigue，LCF）机制或任何 LCF 驱动机理加上蠕变而导致电推进系统灾难性失效。其寿命限制指零件可以承受的最大允许飞行循环次数。

2）必须提供计划维修文件，用于定义维护和修理关键件或限寿件的周期。

8. 功率响应

电推进系统的设计和构造必须能够：

1）从最小功率设定到最高额定功率而不会损害电推进系统。

2）在确保飞行安全的时间间隔内从最小功率增加到最高额定功率。

9. 持续转动

在飞行中关闭电推进系统后，旋转系统的持续转动对电推进系统没有不利影响。

10. 安全性分析

1）本专用条件 4）中的失效定义必须遵守如下①、②和③条。①为了评估预期可能发生的所有失效的后果，必须对电推进系统及其控制系统进行分析，如适用，分析中必须考虑：典型电推进装置安装的假设；电推进系统级影响的失效；本条 3）中的多重失效或在 4）②中定义的电推进系统灾难性失效。②必须总结可能导致本条 4）中定义的电推进系统危险性或灾难性失效，并且估算这些失效发生的概率，在总结中必须确认可能导致电推进系统危险性或灾难性失效的任何电推进系统零件。③电推进系统危险性或灾难性失效发生的概率应满足可接受的安全性水平。

2）如果依靠安全系统以防止发生电推进系统灾难性失效，则必须分析安全系统与电推进系统本身共同失效的可能性。这样的安全系统包括安全装置、仪表、告警装置、维修检查设备和其他类似的设备或程序。

3）如果安全分析取决于下述一项或多项，则必须在分析中给予确认和适当的证明。①在规定时间间隔内完成维修工作。为防止电推进系统灾难性失效的发生，维修措施和间隔期必须加以规定。另外，如果电推进系统的维修错误，包括电推进控制系统维修的错误，可能导致电推进系统灾难性失效，则必须给出适当的程序。②飞行前或其他规定时间，必须检测安全装置或其他装置能否正常工作，检测要求需在手册中进行规定。③飞行手册中规定的飞行机组人员的操作。

4）以下失效定义适用于电推进系统：①起飞阶段完全丧失动力调节控制是危险的；②起飞阶段完全丧失飞行动力是灾难性的。

11. 外物吸入

从可能来源（异物，鸟，冰，雨，冰雹）的外物吸入不得导致不可接受的功率损失。

12. 液体系统

用于冷却电推进系统部件的液体系统必须被设计成在所有飞行姿态和大气条件下电推进系统能够正常运行。

13. 振动试验

1）电推进系统的设计和构造必须能在其规定的转速和电推进系统输出功率的整个工作范围内（包括规定的超限）正常工作，而不会由于振动在电推进系统的任何零件上产生过大的应力，并且不会对飞机结构施加过大的振动力。

2）必须通过试验、分析或其组合来验证电推进系统在整个规定的飞行包线和电推进系统工作范围内，可能会引起振动的部件的振动特性是可接受的。对诱发振动的可能来源进行评估，包括机械的、空气动力学的、声学的或电磁的。

14. 校准试验

在本专用条件下第15节指定的耐久性试验之前和之后，必须对每台电推进系统进行校准测试，以确定其功率特性。

15. 耐久性试验

必须完成经批准的耐久性验证试验：

1）该试验应模拟电推进系统的预期运行条件，包括典型的启停循环。

2）该试验应包括通过调节电推进系统的功率设置使得电推进系统运行在极限状态。

16. 温度限制

电推进系统必须证明其能够在设定的温度限制下安全运行的能力。必须量化和证明每种额定工况下的温度限制，并在所有规定的工作制和额定值下进行验证。

17. 操作试验

电推进系统必须在使用限制范围内显示出安全的操作特性，包括但不限于动力循环、加速和超速。规定的电推进系统运行特性必须考虑安装载荷及其影响。

18. 系统和组件试验

必须通过试验证明系统、组件和零件在所有规定的环境和操作条件下完成预期的功能。

19. 拆解检查

1）拆解评估：①在完成耐久性试验后，必须完全拆解电推进系统。每个电推进系统组件必须符合产品设计并且仍可在电推进系统上继续使用；②具有调节设置和功能特性的电推进系统设备，其设置值和功能特性必须保持在耐久性试验开始时确定并记录的极限值范围内。

2）非拆解评估：如果未对所有电推进系统部件进行拆解，则只能根据耐久性试验结果确定这些部件的寿命极限。

20. 通用试验要求

1）在试验期间电推进系统可以开展必要的维护。

2）在以下情况下，必须对电推进系统或其零件进行维护和必要的额外测试：①使用频率超过规定；②由于电推进系统故障造成的停车次数过多；③需要重大维修；④在测试过程中或由于拆解检查发现有必要更换零件的情况。

3）在本专用条件下规定的所有验证和测试完成后，电推进系统及其零部件必须可以继续使用并保证安全性。

4.2 《正常类飞机适航审定指南》电动飞机相关适航审定安全要点及审查要求要点

1. 电推进系统额定值和使用限制

（1）安全性要求要点

《正常类飞机适航审定指南》（简称指南）对电推进系统额定值和运行限制提出了要求：

1）必须考虑受环境、负载、螺旋桨限制等因素影响，确定电推进系统工作制及相应额定值。

2）必须确定电推进系统在额定最大连续功率和额定起飞功率状态下的功率、扭矩、转速和持续时间限制，并对每个额定值相关的使用限制进行验证。

3）所选的电推进系统功率额定值对所有同型号电推进系统具有一致性，能够确保同型号所有生产电推进系统在使用中均能产生大于或等于声明额定值的功率或推力，且不超出其使用限制。

（2）审查要求要点

1）额定最大连续功率是否在静态或飞行状态下确定。

2）额定起飞功率是否在静态条件下确定。

3）确保额定功率是否通过简单的油门杆移动或等效操作达到。

4）额定最大连续功率在任何时候都能实现。

2. 防火

（1）安全性要求要点

1）电推进系统采用的设计、材料和构造方法应符合下列要求：①能够控制、隔离并经受住火焰；②能够防止任何易燃材料加强现有的火焰；③在有火焰的情况下仍然能够执行发动机预期功能，并且不会导致危险状况。

2）电推进系统中控制系统构件必须是耐火的或者防火的。任何容易或者具有潜在产生静电放电或电气故障电流的构件、单元或设备，必须设计和构造成与电推进系统基准点等电位接地。

3）用于防火墙／防火罩的电动机零件，其设计、构造和安装必须是防火的和防腐蚀的。

4）高压电气线路互联系统的设计和安装，必须使得一个高压电气线路互联系统部件的失效不会阻止剩余动力装置的持续安全运行，或需要任何机组成员立即采取动作以保证继续安全运行。

5）高压电气线路互联系统必须采取设计预防措施，能在一旦电动机转子损坏时对飞机的危害减至最小。

（2）审查要求要点

1）与电缆有关的设备和电缆是阻燃的，而且不会放出达到危险量的毒性烟。

2）防火／耐火试验的试验标准和试验报告。

3）火区防火措施的有效性。

3. 耐久性

在规定的维护周期内，电推进系统的设计和构造应尽量减少电推进系统不安全状况。

（1）安全性要求要点

电推进系统的设计与构造必须使得其在翻修周期之间不安全状态的发展减至最小是关于耐用性的总要求。申请人针对其它一些条款所安排的验证工作都支持了表明翻修期内不安全状态的发展减至最小这个符合性。

（2）审查要求要点

验证电推进系统的设计与构造是否能够使得其在翻修周期之间不安全状态的发展减至最小。

4. 电推进系统安装构件和结构

（1）安全性要求要点

1）确定并记录电推进系统的安装构件和结构最大允许的限制载荷和极限载荷。其中限制载荷考虑电动机预期工作状态下的最大工作载荷；极限载荷考虑包括飞机极限工况下导致的载荷，通常为飞机限制载荷工况导致的载荷乘以1.5倍的安全系数。

2）必须通过验证分析或试验能够表明电推进系统安装构件和结构在预期的使用限制下具有满足规定的载荷要求的承载能力。

（2）审查要求要点

1）确定适用的零部件清单。

2）对电推进系统的安装构件和结构进行尺寸计量和检测工作的合理性。

3）采用试验方法时充分考虑影响试验载荷的影响因素。

5. 电推进控制系统

（1）安全性要求要点

1）适用性。指南中的相关要求适用于所有用于控制、限制、监测或保护电推进系统运行的系统或装置。

2）电推进控制系统。电推进系统的控制必须设计成，在正常运行及当故障或失效导致控制模式、通道或从主系统到备份系统的转换时，不会超出任何运行限制，也不会出现任何不可接受的运行特性。

3）验证。应该通过试验、分析或两者组合方法对控制系统的所有功能进行验证，以表明电推进控制系统在整个规定的运行范围内能够实现预期功能。

4）环境限制。环境限制必须能够通过耐久性试验、分析或两者组合而得到充分验证，否则必须通过专用条件的系统和部件试验进行验证。

5）电推进系统故障。申请人必须将电推进控制系统设计和构造成：①失去功率控制 LOPC 事件的发生率与预期应用的安全目标一致；②在完整构型中，经中国民用航空局确定，对于 LOPC 事件相关的电子和电气的失效，系统能容忍"单一故障"；③电推进控制系统部件的单点失效不会导致危害性电推进系统后果；④与预期装机相关的可预见失效或故障，会导致着火、过热或失效等造成电推进系统控制部件损伤的局部事件，该失效或故障不应导致电推进控制系统失效或故障，从而引起危险性电推进系统后果。

6）系统安全评估。申请人必须完成电推进控制系统的系统安全评估，该项评估必须能确定影响系统正常运行的故障或失效，以及这些故障或失效预期的发生频率。

7）保护系统。推进系统控制设备、系统和仪表的设计和功能，以及电推进系统使用和维护说明，必须合理保证，影响其部件完整性的电推进系统使用限制在工作中不会被超出。

8）电推进控制系统供电。申请人必须将电推进控制系统设计成当提供给电推进控制系统的电源失去、故障或中断时，不会导致危害性电推进系统后果。

（2）审查要求要点

1）控制功能。电推进系统的控制必须设计成，不会出现任何不可接受的运行特性，或超出其任何运行限制，并能够在预期飞机应用的审定飞行包线内，履行预期功能。控制功能包括：①以足够的灵敏度响应飞行员指令，调节推进功率，在不断变化的大气条件下保持相关控制参数的选定值；②能迅速关停电推进系统具有旋转部件的任何子系统，并能迅速隔离可能危害飞机的部件；③在正常运行及当故障或失效导致控制模式、通道或从主系统到备份系统的转换时，不会超出任何运行限制，也不会出现任何不可接受的运行特性，对控制转换进行提示或者监视，并在运行说明和安装说明文件中给出提示、监视以及模式改变影响的描述。

2）系统失效。电推进控制系统应当满足预期飞机应用的安全目标，任何单点失效不会导致危害性电推进系统影响或者危害性、灾难性飞机影响；其设计和构造在预期飞机应用中由可预见失效或功能失常引起局部事件，都不得导致危害性电推进系统影响或灾难性飞机影响。

3）保护系统。应当提供方法来测试或检查为符合安全分析要求所必要的保护系统，应当表明在测试 / 检查和维护间隔内，保护系统可用。

4）研制保证。软件和复杂硬件（包括可编程逻辑设备）都应当使用结构化、系统化的方法进行设计和研制，以提供与使用该软件或硬件的系统失效或功能失常危险严重度相称的保证水平，并由局方接受的验证方法所证实。

5）飞机提供的数据。单点失效引起飞机提供的数据，或独立的多套电推进系统之间共享的数据丢失、中断或损坏，不得导致任何危害性电推进系统影响或灾难性飞机影响，而且应当能够被检测到且被调节。调节规律不得导致不可接受的电推进系统功率变化或运行、启动特性改变。应当评估这些失效在审定飞行包线和运行环境中对电推进系统功率和运行、启动特性的影响，并在安装和运行说明中给出。

6）信息系统安全保护。控制系统（包括网络、软件和数据）的设计和安装应当确保其免受可能的故意未授权的电子交互影响，导致不利的电推进系统影响。对安保风险和漏洞应当识别、评估和进行必要减轻。申请人应当提供持续适航程序和说明，以确保维持电推进系统控制的安全保护。

7）应急额定值可用性。具有应急额定值的电推进系统，应当在其运行限制内，给出提供自动可用性和自动控制应急额定功率的方法或措施。

6. 仪表连接

（1）安全性要求要点

1）对于拟安装电推进系统仪表及其连接件，应至少符合以下任一要求：①提供防错接措施；②标记每个连接件。

2）进行电推进系统仪表及其连接件错误装配影响评估，并确保在错误连接情况下的后果是可接受的。

（2）审查要求要点

1）确定试验条件时，应考虑电推进系统硬件、工作点选取和外部条件等。

2）要表明试验大纲的合理性。

7. 关键件或限寿件

（1）安全性要求要点

本条的实质是要求申请人采用经局方批准的方法和流程，建立关键件或限寿件的寿命限制，以确保在强制更换前不会发生导致危害性电推进系统后果的原发失效。

（2）审查要求要点

1）关键件或限寿件的确定是否正确。

2）关键件或限寿件的寿命限制的建立是否采用经局方批准的方法和流程，以确保在强制更换前不会发生导致危害性电推进系统后果的原发失效。

8. 功率响应

（1）安全性要求要点

当从最低功率增大到额定起飞功率时，电推进系统的功率响应能力应符合下列要求：

1）电推进系统双通道全功率范围运行正常，无停机、过流及过压等异常情况发生；电动机输出转矩与系统输入转矩误差 $\leq \pm 5\%$。

2）电推进系统在整个运行范围内可正常按操作执行预期功能，并且可满足飞机复飞定常爬升梯度的要求。

（2）审查要求要点

审查中需要关注的一般要素和审查重点如下：

1）电推进系统双通道全功率范围是否运行正常，且无停机、过流及过压等异常情况发生；电动机输出转矩与系统输入转矩误差是否≤±5%。

2）电推进系统在整个运行范围内是否可正常按操作执行预期功能，并且可否满足飞机复飞定常爬升梯度的要求。

9. 持续转动

（1）安全性要求要点

飞行中如果电推进系统被关闭，旋转系统仍持续转动，这种转动应在安全分析中进行评估，并且不得对电推进系统有不利影响，不得导致任何不可接受的后果。

（2）审查要求要点

飞行中如果电推进系统被关闭，旋转系统的持续转动是否会对电推进系统有不利影响，是否会造成不可接受的后果。

10. 安全性分析

（1）安全性要求要点

1）危险性失效包括以下可能情况：非包容的高能碎片；客舱用电推进系统引气中有毒物质浓度足以使机组人员或乘客失去能力；与驾驶员指令的推力方向相反的较大的推力；不可控火情；电推进系统安装系统失效，导致非故意的电推进系统脱开；电推进系统引起的螺旋桨脱开；完全失去电推进系统停车能力。灾难性失效包括以下可能情况：可控火情；烧穿机匣，但能表明不可能发展为危害性后果；低能碎片飞出，能证明碎片的飞出不会对电推进系统产生危害性后果；电推进系统向座舱送气中的有毒物质浓度足以降低机组人员的操作效能；导致机组人员不适的振动；电推进系统支承系统载荷路径丧失完整性，但电推进系统没有实际脱离；较大的无法控制的推力振荡；产生的推力大于其最大额定值；推力方向与驾驶员指令方向相反，但影响低于危害性电推进系统后果。

2）危害性失效发生概率要求低于 10^{-7}/飞行 h、灾难性失效发生概率要求低于 10^{-5}/飞行 h。

3）安全性评估过程应当包括安全性要求确定、安全性要求分解、安全性要求验证 3 个阶段。

（2）审查要求要点

主要体现在对各系统安全性分析的审查工作中：

1）若安全性分析结果是基于某些假设开展的，需要结合必要的试验验证安全性假设的合理性。

2）详细说明电推进系统危险状态。

3）明确安全性分析验证的范围。

4）确定电推进系统的安全水平和辨别关键安全件。

11. 外物吸入

（1）安全性要求要点

1）吸入外物时不得出现以下情况：①超过 3% 的持续功率 / 推力损失，以及超过 10% 的功率 / 推力退化；②不可接受的机械损坏；③其他不利的异常情况。

2）对于采用防护装置的电推进系统，应符合以下要求：①外物尺寸大小不能通过该防护装置；②该防护装置能承受外物的打击；③被防护装置阻挡的外来物不会造成 1）①所要求的功率或推力减少。

（2）审查要求要点

审查中需要关注的一般要素和审查重点如下：

1）如果电推进系统有防护装置，防护装置的性能和功能应满足要求。

2）如果电推进系统没有防护装置，应当利用相关试验进行电推进系统防吸入雨、冰、冰雹和鸟的能力的分析，并证明其分析的充分性和合理性。

12. 液体系统

（1）安全性要求要点

1）冷却系统无漏液现象，组成各部件无失效现象。

2）冷却电推进系统部件的液体系统必须能在飞机临界条件下保证电推进系统中的电动机、控制器、冷却液在允许的工作温度范围内（不超出各部件温度限制值）。

（2）审查要求要点

审查中需要关注的一般要素和审查重点如下：

1）必须表明试飞所选取的状态是极限状态和典型状态。

2）试飞结果处理方法是合理的。

13. 振动试验

（1）安全性要求要点

1）电推进系统设计和构造。该条的实质是要求电推进系统的设计和构造必须使其在声明的整个转速和推力的范围内正常工作，并且：①不会因振动导致电推进系统任何零部件应力过大；②电推进系统传递给飞机的振动不能超过飞机要求的限制。

2）电推进系统振动试验。该条的目的是通过电推进系统试验、分析或两者组合的方式来验证可能受机械、空气动力、声学的或电磁因素导致激振的部件的振动特性在整个声明的飞行包线范围内是可接受的。该条的实质是要求：在考虑材料性能差异的情况下，在声明的整个飞行包线内，结合适当的稳态应力后，电推进系统的各个部件的振动应力应小于材料的疲劳极限，并具有适当的裕度；当发生某些故障时，电推进系统可以继续安全工作或停车，不应因其过大振动进而造成危害性电推进系统后果。

（2）审查要求要点

审查中需要关注的一般要素和审查重点如下：

1）电推进系统的设计和构造应当使其在转子转速和输出功率的正常运行范围内（包括所定义的正常超限）工作，不会由于振动而引起电推进系统任何零部件的过大应力，也不会将过大的振动力传递给飞机结构。

2）除了分析由机械、空气动力、声学激励等传统振动源引发的振动外，还应评估由于励磁（电磁场激励）引起的旋转部件共振。

3）应当评估由电推进系统故障条件引起的激振力对振动特性的影响，并表明不会导致危害性的电推进系统影响。

14. 校准试验

（1）安全要求要点

1）在进行校准试验的测量前，电推进系统在每一种状态都必须确保是稳定的。

2）校准试验要求确定和记录电推进系统螺旋桨转速、转矩、拉力、输入电压及电流值。通过对耐久试验前后系统效率的数值进行测量，以验证电推进系统在剖面运转前后系统效率是否因为机械损耗等原因发生改变。

3）进行持久试验的电推进系统在持久试验后必须进行在海平面条件下的功率检查。

（2）审查要求要点

审查中需要关注的一般要素和审查重点如下：

1）必须确定在持久试验期间出现的任何功率特性变化。

2）功率额定值以标准大气条件下只装有为发动机功能所必需的那些附件时为基准。

3）在持久试验最后阶段取得的测量值用于验证符合本条的要求。

15. 耐久性试验

（1）安全性要求要点

电推进系统应进行耐久性验证试验，以表明其设计和构造使得在大修周期或零部件更换间隔内，不安全状况发展减至最小：

1）应当模拟电推进系统的预期运行条件，包括典型的启停循环和计划的定期维护操作，并且应当具有足够的持续时间，以建立对电推进系统耐久性的信心。

2）该试验应包括通过调节电推进系统的功率设置，使得电推进系统运行在极限状态的情况。

（2）审查要求要点

1）能否证实电推进系统的设计和构造使得在所有预期运行条件（包括典型的启停循环和计划的定期维护操作）下，在大修周期或零部件更换间隔内，不安全状况发展减至最小。

2）能否验证电推进系统通过功率调整运行在极限状态下时，无须采取维护措施。

16. 温度限制

（1）安全性要求要点

1）对于需要采取措施确保安装环境满足使用限制的电推进系统部件，申请人必须在电推进系统安装和使用说明手册中声明这些部件及其环境限制。

2）电推进系统主要设备必须进行必要的高低温试验证明其能够在温度限制条件下正常运行。具体应满足：①电推进系统启动运行正常，试验中电推进系统工作正常；②动力综合显控仪表未出现花屏、黑屏等显示故障，动力综合显控仪表各项状态指示及数据正常；③两通道在各工况阶段下的功率差不高于10kW；④试验结束后两组电池组荷电状态（State of Charge，SOC）差不超过10%，电池温度未超过60℃，控制器温度未超过80℃，电机温度未超过120℃。

（2）审查要求要点

审查中需要关注的一般要素和审查重点如下：

1）高低温试验必须保证试验程序、试验环境，试验状态的合理性。

2）必须表明在各种工作工况下，电动机、控制器、电池等温度不超出各部件温度限制。

17. 操作试验

（1）安全性要求要点

本条款对电推进系统操作试验的试验结果及载荷提出了要求。必须用操作试验表明电推进系统在使用限制范围内，包括但不限于动力循环、加速和超速、从驾驶舱进行操纵，不出现下列情况：

1）卡阻。

2）过度摩擦。

3）过度变形，规定的电推进系统运行特性必须考虑安装载荷及其影响。

（2）审查要求要点

审查中需要关注的一般要素和审查重点如下：

1）试验载荷应按照指南条款要求进行分析计算。

2）操作试验中，试验件状态的有效性确认。

3）试验结果应进行有效的分析，试验分析报告应表明系统操作试验满足条款要求。

18. 系统和部件试验

（1）安全性要求要点

本条的目的是对系统或部件所声明的环境和运行条件进行充分验证，表明这些系统或部件在所有已声明的环境和运行条件下能可靠地完成预定功能：

1）针对电推进系统的电机、控制器、动力综合显控仪表、锂电池组必须进行设备试验，表明其性能、环境、电磁兼容性与安全性。

2）针对整个电推进系统的试验包括但不限于下列内容：①冷却系统试验，以表明电推进系统装置的冷却措施在最不利的地面、水面和直到申请批准的最大高度和最高外界大气温度条件下工作，能使电推进装置各部件和所用液体的温度均保持在对这些部件和液体所制定的温度限制以内；②振动试验，以表明电推进系统部件能够实现预期的功能，不会由于振动在电推进装置的任何零件上产生过大的应力，并且不会对飞机结构施加过大的振动力；③耐久性试验，以表明电推进系统在150h剖面运转后，其机械性能、电气性能、冷却系统性能无明显变化；④地面运转试验，以表明电推进系统按照典型工作制不超限条件下的连续运行时长是否满足飞行的使用需求。

3）针对电磁辐射、高强度辐射场、雷电间接效应限制，应给出控制系统及其部件已完成的测试等级，以及需要航空器保障的线缆屏蔽措施、接头等信息。

（2）审查要求要点

审查中需要关注的一般要素和审查重点如下：

1）确定电推进系统和部件环境试验验证对象，确保验证对象正确、完整无遗漏。

2）应充分考虑系统和部件的功能、性能、设计特征、材料特性、制造工艺、安装位置、运行条件、失效模式，以确定环境验证项的适用性。

3）地面运转等试验验证方法应确保运行和环境参数须覆盖附件所遭遇到的极限值，即为最严格的工作工况。

19. 拆解检查

（1）安全性要求要点

1）拆解评估之一。在完成耐久性试验后，电推进系统的部件或零件应满足产品设计的相关数据和信息要求。零部件仍然可以安装在电推进系统上继续使用。"仍然可以安装在电推进系统上继续使用"意为部件的安装能够确保电推进系统处于适航状态，即电推进系统满足经批准的型号设计且处于安全运行状态。

2）拆解评估之二。应记录不论是否安装在电推进系统上即可确定调节器调整位置和功能特性的部件，并表明其调整位置和功能特性在耐久性试验前确定和记录的限制范围内。

3）非拆解评估。若未对所有电推进系统部件进行拆解，则只能根据耐久性试验结果确定这些部件的寿命极限。

（2）审查要求要点

1）在完成耐久性试验后，经完全拆解，是否每个电推进系统组件都符合产品设计并且仍可在电推进系统上继续使用。

2）具有调节设置和功能特性的电推进系统设备，其设置值和功能特性是否保持在耐久性试验开始时确定并记录的极限值范围内。

3）若未对所有电推进系统部件进行拆解，这些部件的寿命极限，是否通过了耐久性试验确定。

20. 通用试验要求

（1）安全性要求要点

1）电推进系统在试验期间的维护必须根据持续适航文件中的维护说明开展：①说明可能发生的故障、如何判别这些故障以及对这些故障采取补救措施的检查排故资料；②说明拆卸电推进系统及其零部件和更换零部件的顺序和方法及应采取的必要防护措施的资料，还必须包括正确的有关地面保管、装箱和运输的说明；③说明维护所必需的工具和设备清单及其使用方法。

2）完成试验后的电推进系统和零件应满足型号设计的相关数据和信息要求，所有部件都应该通过试验后检查和功能测试，以确保部件满足持续适航文件（Instructions for Continued Airworthing，ICA）或型号合格数据单（Type Certificate Data Sheet，TCDS）中给出的使用限制，仍然可以安装在系统上继续使用。

3）试验过程中如有零件更换，对于新设计的、有重大构型更改的，或者虽在其它型号上有应用但运行条件存在重大差别的零件，需要开展单独的部件试验。如果申请人能表明部件试验比持久试验更严苛，且完成零件试验后开展分解检查，则无须再开展持久试验后的分解检查。

（2）审查要求要点

审查中需要关注的一般要素和审查重点如下：

1）需要根据应符合持续适航文件的要求来提交维修和维护说明书。

2）完成所有测试后的零部件是否满足 ICA 或 TCDS 中给出的使用限制。

4.3 CTSO-179b 可充电锂电池和电池系统

CTSO-179b 技术规章适用于申请技术标准规定项目批准书（China Technical Standard Order Approvals，CTSOA）的可充电锂电池和电池系统制造商。本规章规定了可充电锂电池和电池系统必须满足的最低性能标准，以获得批准和 CTSO

标记，适用范围：①自 CTSO 生效之日起，申请人应按照本规章提交申请，若在六个月内，申请人能证明其研发遵循旧版本标准，则可按旧版本规章提交申请；②获得旧版本 CTSOA 的设备可按批准时的规定继续制造；③按本规章批准的设备，其设计重大改动需要按 CCAR-21-R4 第 21.353 条重新申请 CTSOA。

在本规章生效之日及之后制造并使用 CTSO 标记的可充电锂电池和电池系统应满足 RTCA/DO-311A《可充电锂蓄电池和电池系统最低运行性能标准》（2017.12.19）的第 1 节和第 2 节要求。

1. 根据规章确定测试内容

RTCA/DO-311A 附录 C 未被局方认可。RTCA/DO-311A 第 1.4.1 和第 1.4.2 节列出了能源及通风类别，测试将基于这些类别并在本规章第 4 段中确定：

1）功能。本规章适用于预期为飞机设备提供电源的可充电锂电池、电池组和电池系统。

2）失效状态类别。本规章没有标准的最低失效状态类别。设备适用的失效状态类别取决于其在特定飞机的预期用途。在设备设计时应记录其功能丧失和故障的失效状态类别。

3）功能鉴定。应按 RTCA/DO-311A（2017.12.19）中第 2.2.1 节中试验程序，证明产品性能满足要求。

4）环境鉴定。应按 RTCA/DO-311A（2017.12.19）中第 2.3 节中试验条件（注：试验条件直接引用 DO-160G《机载设备环境条件和试验程序》（2010.12.8）的相关章节），采用该设备适用的标准环境条件和试验程序，证明设备性能满足要求。申请人可采用除 RTCA/DO-160G 以外其它适用于可充电锂电池、电池组和电池系统的标准环境条件和试验程序。注意：通常情况下，RTCA/DO-160D（包括 Change 1 和 Change 2）或早期版本不再适用，如果使用不适用版本则需按照本规章第 3 节中的偏离要求进行证明。

5）软件鉴定。如果设备包含软件，则软件应按照 RTCA/DO-178C《机载系统和设备合格审定中的软件考虑》（2011.12.13）的要求进行研制。软件的研制保证等级应与本规章第 3 节规定的失效状态类别一致。如采用 RTCA/DO-178B（1992.12.1）作为软件开发的符合性方法，需与局方沟通确认，局方有权要求申请人在满足 RTCA/DO-178B 同时还需要满足其它额外要求。注：局方评审相关生命周期资料后，可认为审定联络过程目标得以实现。

6）电子硬件鉴定。如果设备中包含复杂电子硬件，则应按照 RTCA/DO-254《机载电子硬件设计保证指南》（2000.4.19）的要求进行研制。硬件的研制保证等级应与本规章第 3 节规定的失效状态类别一致。对于确定为简单的机载电子硬件，可按 RTCA/DO-254 中第 1 节的要求处理。注：局方评审相关生命周期资料后，可认为审定联络过程目标得以实现。

7）偏离。如果采用替代或等效的符合性方法来满足本规章规定的最低性能标准要求，则申请人必须表明设备保持了等效的安全水平。申请人应按照 CCAR-21-R4 第 21.368 条要求申请偏离。锂电池和电池系统能源及通风类别见表 4-1。

表 4-1　锂电池和电池系统能源及通风类别

能源类别（X）	通风类别（Y）	能源类别（X）	通风类别（Y）
1	A	3	A
1	B	3	B
1	C	3	C
2	A	4	A
2	B	4	B
2	C	4	C

2. 规章中相关标记要求

（1）至少应为一个主要部件设置永久清晰的标记

标记应包括 CCAR-21-R4 第 21.423 条和 RTCA/DO-311A（2017.12.19）第 2.1.3 节规定的所有信息。标记必须包含设备序列号。

（2）标记锂电池和电池系统（物品）

将 CTSO 标记为 CTSO-C179b-CLASS A-XY 或 CTSO C179b CLASS B-XY，见表 4-1 所示（其中 -X 代表能量类别，Y 代表通风类别）：CTSO-C179b A 类，在 RTCA/DO-311A 第 2.4.5.5 节电池热包容性测试期间，电池系统内的所有电池必须进入热失控；CTSO-C179b B 类，在 RTCA/DO-311A 第 2.4.5.5 节电池热包容性测试期间，电池系统内的所有电池均未进入热失控。（例如：CTSO-C179b B-1A 级是一种可充电锂电池和电池系统，能量类别为 1，通风类别为 A，在 RTCA/DO-311A 第 2.4.5.5 节测试期间，并非所有电池都进入热失控状态）。

（3）应为以下部件设置永久清晰的标记

标记至少包括制造人名称、组件件号和 CTSO 标准号。

1）所有容易拆卸（无须手持工具）的部件。

2）制造人确定的设备中可互换的所有组件。

（4）件号的编排

如果设备中包含软件和／或机载电子硬件，则件号必须能够表明软件和硬件的构型。件号编排时，在件号中可为硬件、软件和机载电子硬件各划分一个单独区域。

（5）使用电子标记标识软件和机载电子硬件

此标记可通过软件写入硬件部件内部，而不用将其标识在设备铭牌中。如果使用电子标记，则其必须容易读取，无须使用特殊工具或设备。

3. 需要直接提交给局方的资料

申请人必须向负责该项目审查的人员提交相关技术资料以支持设计和生产批准。

直接提交的资料包括 CCAR-21-R4 第 21.353 条规定的符合性声明和以下资料副本。

（1）手册

手册包含以下内容：

1）运行（使用）说明和设备限制。该内容应对设备运行能力（使用特性）进行充分描述。

2）对所有偏离的详细描述。

3）测试结果汇总，包括合格／不合格标准和本规章规定的可报告信息。

4）安装程序和限制。必须确保按照此安装程序安装设备后，设备仍符合本规章的要求。限制必须确定任何特殊的安装要求，还必须以注释的方式包含以下声明："本设备满足技术标准规定中要求的最低性能标准和质量控制标准。如欲在飞机上安装此设备，必须获得单独的安装批准"。

5）对于所有软件和机载电子硬件构型，包括如下内容：①软件件号，包括版本和研制保证等级；②机载电子硬件件号，包括版本和研制保证等级；③功能描述。

6）对设备中每个部件进行环境鉴定的试验条件总结。例如，可采用 RTCA／DO-160G《机载设备环境条件和试验程序》附录 A 的表格方式描述。

7）原理图、布线图以及设备安装所必需的其它文件。

8）设备的可更换部件清单（注明件号）。如适用，包括对供应商件号的交叉索引。

（2）持续适航文件

持续适航文件包含设备周期性维护、校准及修理要求，以保证设备的持续适航性。如适用，应包括建议的检查间隔和使用寿命。

（3）软件

如果设备包含软件，则还应提供：软件合格审定计划（Plan for Software Aspects of Certification，PSAC）、软件构型索引和软件完结综述。

（4）电子硬件

如果设备包含简单的或复杂电子硬件，还应提供：硬件合格审定计划（Plan for Hardware Aspects of Certification，PHAC）、硬件验证计划、顶层图纸和硬件完结综述（或相似文件，如适用）。

（5）铭牌图纸

铭牌图纸规定设备如何标识本规章中所要求的标记信息。

（6）CTSO 申请

确定设备中所包含而未按照本规章进行评估的功能或性能（即非 CTSO 功能）。在获得 CTSOA 的同时非 CTSO 功能也一同被接受。接受这些非 CTSO 功能，申请人必须声明这些功能，并在 CTSO 申请时提供以下信息：

1）非 CTSO 功能的描述，如性能规范、失效状态类别、软件、硬件以及环境鉴定类别。还应包括一份确认非 CTSO 功能不会影响设备对本规章要求符合性的声明。

2）安装程序和限制，能够确保非 CTSO 功能满足本规章所声明的功能和性能规范。

3）本规章所描述非 CTSO 功能的持续适航要求。

4）接口要求和相关安装试验程序，以确保对规章性能资料要求的符合性。

5）如适用，应有试验大纲、试验分析和试验结果，以验证 CTSO 设备的性能不会受到非 CTSO 功能的影响。

6）如适用，应有试验大纲、试验分析和试验结果，以验证本规章描述的非 CTSO 功能的功能和性能。

（7）说明资料

按 CCAR-21-R4 第 21.358 条要求提供质量系统方面的说明资料，包括功能试验规范。质量系统应确保检测到可能会对 CTSO 最低性能标准符合性有不利影响的任何更改，并相应地拒收该产品。

（8）材料和工艺规范清单。

（9）定义设备设计的图纸和工艺清单（包括修订版次）。

（10）制造人的 CTSO 鉴定报告，表明按本规章要求完成的试验结果。

4. 准备供局方评审的技术资料

制造人在提交资料的过程中，除直接提交给局方的资料外，还应准备如下技术资料供局方评审：

1）用来鉴定每件设备是否符合本规章要求的功能鉴定规范。

2）设备校准程序。

3）原理图。

4）布线图。

5）材料和工艺规范。

6）按本规章要求进行的环境鉴定试验结果。

7）如设备包含软件，提供本规章所要求的 RTCA/DO-178C 或 RTCA/DO-178B 中规定的相关文档，包括所有支持 RTCA/DO-178C 或 RTCA/DO-178B 附录 A "软件等级的过程目标和输出"中适用目标的资料。

8）如果设备包含复杂电子硬件，应提供 RTCA/DO-254 附录 A 表 A-1 中定义的与研制保证等级和硬件生命周期相关的资料。对于简单电子硬件，应提供资料：测试用例或程序，测试结果，测试覆盖率分析，工具评估和鉴定资料，构型管理记录且包含问题报告。

5. 随设备提交给用户的资料要求

1）如欲向一个机构（例如运营人或修理站）提交一件或多件按本规章制造的设备，则应随设备提供本规章要求的资料副本，以及设备正确安装、审定、使用和持续适航所必需的资料。

2）如果设备包含已声明的非 CTSO 功能，则还应包括本规章所规定相关资料的副本。

6. 引用文件订购

1）SAE 文件可从以下地址订购：Society of Automotive Engineers，Inc.400 Commonwealth Drive，WARRENDALE，PA 15096-001，也可通过网站 www.sae. org 订购副本。

2）RTCA 文件可从以下地址订购：Radio Technical Commission for Aeronautics，Inc.1150 18th Street NW，Suite 910，Washington D.C.20036，也可通过网站 www. rtca.org 订购副本。

4.4　CTSO-2C612《电推进系统动力电机控制器》标准草案

本 CTSO 技术标准草案适用于为电推进系统动力电机控制器申请技术标准规定项目批准书（CTSOA）的制造人。本技术标准规定了电推进系统动力电机控制器为获得批准和使用适用的 CTSO 标记进行标识所必须满足的最低性能标准。本技术标准适用于自其生效之日起提交的申请。按本技术标准批准的设备，其设计大改时应按 CCAR-21-R4 第 21.353 条要求重新申请 CTSOA。

1. 根据技术标准确定测试内容

在本技术标准生效之日或生效之后制造并欲使用本 CTSO 标记进行标识的电推进系统动力电机控制器应满足附录 4：《电推进系统动力电机控制器最低性能标准》。

1）功能。本技术标准适用于输入直流电压范围 270~1000V 的电推进系统动力电机控制器设备。

2）失效状态类别。本技术标准没有标准的最低失效状态类别。设备适用的失效状态类别取决于其在特定飞机的预期用途。在设备设计时应记录其功能丧失和故障的失效状态类别。

3）功能鉴定。应按本技术标准附录 4 中最低性能要求中的试验条件，证明设备性能满足要求。

4）环境鉴定。应按本技术标准附录 4，采用适用于该设备的标准环境条件和试验程序，证明设备满足最低性能标准要求的性能。试验条件直接引用 DO-160G《机载设备环境条件和试验程序》，采用该设备适用的标准环境条件和试验程序，证明设备性能满足要求。注：通常情况下，RTCA/DO-160D（包括 Change 1 和 Change 2）或早期版本不再适用，如果使用不适用版本则需按照本技术标准中的偏离要求进行证明。

5）软件鉴定。如果设备包含软件，则软件应按照 RTCA/DO-178C《机载系统和设备合格审定中的软件考虑》的要求进行研制。软件的研制保证等级应与本技术标准规定的失效状态类别一致。注：局方评审相关生命周期资料后，可认为审定联络过程目标得以实现。

6）电子硬件鉴定。如果设备中包含复杂电子硬件，则应按照 RTCA/DO-254《机载电子硬件设计保证指南》（2000.4.19）的要求进行研制。硬件的研制保证等级应与本技术标准规定的失效状态类别一致。对于确定为简单的机载电子硬件，可按 RTCA/DO-254 中的要求处理。注：局方评审相关生命周期资料后，可认为审定联络过程目标得以实现。

7）偏离。如果采用替代或等效的符合性方法来满足本技术标准规定的最低性能标准要求，则申请人必须表明设备保持了等效的安全水平。申请人应按照 CCAR-21-R4 第 21.368 条的要求申请偏离。

2. 规章中相关标记要求

（1）至少应为一个主要部件设置永久清晰的标记

标记应包括 CCAR-21-R4 第 21.423 条规定的所有信息。标记必须包含设备序列号、CTSO 标准号、制造人名称、产品名称、产品型号、输入和输出额定电压、输出额定容量、输出额定电流、工作制、最大工作高度、适用电机类型、防护等级、重量、制造日期、安全储运图示标志等。

（2）应为以下部件设置永久清晰的标记

标记至少包括制造人名称、组件件号和 CTSO 标准号，部件包括：

1）所有容易拆卸（无须手持工具）的部件。

2）制造人确定的设备中可互换的所有组件。

（3）软件和电子硬件的件号

如果电推进系统动力电机控制器中包含软件和 / 或机载电子硬件，则件号必须能够表明软件和硬件的构型。编排件号时，在件号中可为硬件、软件和机载电子硬件各划分一个单独区域。

可以使用电子标记标识软件和机载电子硬件，此标记可通过软件写入硬件部件内部，而不用将其标识在设备铭牌中。如果使用电子标记，则其必须容易读取，无须使用特殊工具或设备。

3. 需要直接提交给局方的资料

申请人必须向负责该项目审查的人员提交相关技术资料以支持设计和生产批准。

直接提交的资料包括 CCAR-21-R4 第 21.353 条规定的符合性声明和以下资料副本。

（1）手册

手册包含以下内容：

1）运行（使用）说明和设备限制。该内容应对设备运行能力（使用特性）进行充分描述。

2）对所有偏离的详细描述。

3）安装程序和限制。必须确保按照此安装程序安装设备后，设备仍符合本技术标准的要求。限制必须确定任何特殊的安装要求，还必须以注释的方式包含以下声明："本设备满足技术标准规定中要求的最低性能标准和质量控制标准。如欲在飞机上安装此设备，必须获得单独的安装批准。"

4）对于所有软件和机载电子硬件构型，包括如下内容：①软件件号，包括版本和研制保证等级；②机载电子硬件件号，包括版本和研制保证等级；③功能描述。

5）对设备中每个部件进行环境鉴定的试验条件总结。例如，可采用 RTCA/DO-160G《机载设备环境条件和试验程序》附录 A 的表格方式描述。

6）原理图、布线图以及设备安装所必需的其它文件。

7）设备的可更换部件清单（注明件号）。如适用，包括对供应商件号的交叉索引。

（2）持续适航文件

持续适航文件包含设备周期性维护、校准及修理要求，以保证设备的持续适航性。如适用，应包括建议的检查间隔和使用寿命。

（3）软件

如果设备包含软件，则还应提供：软件合格审定计划（PSAC）、软件构型索引和软件完结综述。

（4）电子硬件

如果设备包含简单的或复杂电子硬件，还应提供：硬件合格审定计划（PHAC）、硬件验证计划、顶层图纸和硬件完结综述（或相似文件，如适用）。

（5）铭牌图纸

铭牌图纸规定设备如何标识本技术标准所要求的标记信息。

（6）CTSO申请

确定设备中所包含而未按照本技术标准进行评估的功能或性能（即非CTSO功能）。在获得CTSOA的同时非CTSO功能也一同被接受。接受这些非CTSO功能，申请人必须声明这些功能，并在CTSO申请时提供以下信息：

1）非CTSO功能的描述，如性能规范、失效状态类别、软件、硬件以及环境鉴定类别。还应包括一份确认非CTSO功能不会影响设备对本技术标准要求符合性的声明。

2）安装程序和限制，能够确保非CTSO功能满足本技术标准所声明的功能和性能规范。

3）本技术标准所描述非CTSO功能的持续适航要求。

4）接口要求和相关安装试验程序，以确保对本技术标准性能资料要求的符合性。

5）如适用，应有试验大纲、试验分析和试验结果，以验证CTSO设备的性能不会受到非CTSO功能的影响。

6）如适用，应有试验大纲、试验分析和试验结果，以验证本技术标准描述的非CTSO功能的功能和性能。

（7）说明资料

按CCAR-21-R4第21.358条要求提供质量系统方面的说明资料，包括功能试验规范。质量系统应确保检测到可能会对CTSO最低性能标准符合性有不利影响的任何更改，并相应地拒收该产品。

（8）材料和工艺规范清单

（9）定义设备设计的图纸和工艺清单（包括修订版次）

（10）制造人的 CTSO 鉴定报告，表明按本 CTSO 第 3.c 节完成的试验结果

4. 准备供局方评审的技术资料

除直接提交给局方的资料外，制造人还应准备如下技术资料供局方评审：

1）用来鉴定每件设备是否符合本技术标准要求的功能鉴定规范。

2）设备校准程序。

3）原理图。

4）布线图。

5）材料和工艺规范。

6）按本技术标准要求进行的环境鉴定试验结果。

7）如果设备包含软件，提供 RTCA/DO-178C 中规定的相关文档，包括所有支持 RTCA/DO-178C 附件 A "软件等级的过程目标和输出"中适用目标的资料。

8）如果设备包含复杂电子硬件，应提供 RTCA/DO-254 附录 A 表 A-1 中定义的与研制保证等级和硬件生命周期相关的资料。对于简单电子硬件，应提供资料：测试用例或程序，测试结果，测试覆盖率分析，工具评估和鉴定资料，构型管理记录且包含问题报告。

9）如果设备包含非 CTSO 功能，必须提供本技术标准要求的与非 CTSO 功能相关的资料。

5. 随设备提交给用户的资料要求

1）如欲向一个机构（例如运营人或修理站）提交一件或多件按本技术标准制造的设备，则应随设备提供本技术标准要求的资料副本，以及设备正确安装、审定、使用和持续适航所必需的资料。

2）如果设备包含已声明的非 CTSO 功能，则还应包括本技术标准所规定相关资料的副本。

6. 引用文件订购

1）ASTM 文件可从以下地址订购：American Society for Testing Materials, Inc.100 Barr Harbor Drive，PO Box C700，West Conshohocken，PA 19428-2959,

也可通过网站 www.astm.org 订购副本。

2）RTCA 文件可从以下地址订购：Radio Technical Commission for Aeronautics，Inc.1150 18th Street NW，Suite 910，Washington D.C.20036，也可通过网站 www.rtca.org 订购副本。

3）GB 标准可从以下地址订购：中国标准出版社，北京复兴门外三里河北街 16 号，010-68523946，也可通过网站 www.spc.org.cn 订购副本。

第 5 章

设备验证试验

5.1 电动机设备验证试验

5.1.1 湿热试验

进行电动机设备的湿热试验是为了确定设备耐受自然的或诱发的潮湿大气的能力。湿热预期的主要有害影响是：①腐蚀；②吸收湿气而引起设备性能的改变。设备性能包括机械性能（金属）、电气性能（导体和绝缘体）、化学性能（吸湿的元件）、热性能（隔热体）等。要求设备可在直接接触外界空气的条件下工作，其工作时间应超过标准湿热环境中规定的时间。

在进行试验的过程中除特殊说明外，受试设备均应置于相对湿度为（95%±4%）RH 的大气中。应通过蒸汽或水的蒸发提供湿气，所用的水在 25℃ 条件下测得的 pH 值为 6.5~7.5 或电阻率不低于 250000Ω·cm。流过暴露区的空气速度应为 0.5~1.7m/s。试验箱应设有排气孔，以防气压升高，并应采取措施防止水滴到设备上。C 类外部湿热环境试验如图 5-1 所示。

对图 5-1 解释如下：

1）T0~T1 为 2h±10min。

2）T1~T2 至少为 6h。

3）T2~T3 为 16h±15min，在此期间，保持相对湿度不低于 85%RH。

4）第 6 循环结束后继续进行的试验，见下面的步骤 7）设备测试。

5）T0 表示下一个循环的开始，而不是试验的起点。

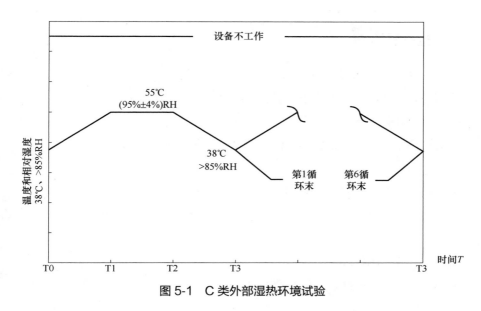

图 5-1　C 类外部湿热环境试验

试验程序应按下列步骤进行：

1）安装样品：将受试样品按实际使用状态安装在试验箱内。

2）初步稳定：在 38℃ ±2℃和相对湿度（85%±4%）RH 的条件下保持稳定。

3）升温加湿：在 2h±10min 内，将试验箱温度升到 55℃ ±2℃，相对湿度升到（95%±4%）RH。

4）保持状态：保持试验箱温度 55℃和相对湿度（95%±4%）RH，时间至少持续 6h。

5）降温保持湿度：在接下来的 16h±15min 内，将温度逐渐降到 38℃ ±2℃。在此期间，尽可能保持高的相对湿度，不得低于 85%RH。

6）重复循环：按照步骤 3）、4）和 5）构成一个循环，重复这些步骤直到完成 6 个循环（共暴露 144h）

7）设备测试：暴露期结束后，从试验箱中取出设备并排除冷凝水（不得擦干）进行测试。在完成 6 个循环后的 1h 内，施加正常供电并启动设备工作。设备连接主电源后，最多允许预热 15min。如果设备不依靠电力工作，则采用相应设备类别要求的高温短时工作试验的热量，预热最多 15min。预热阶段一结束，立即进行必要的试验和测试，以确定是否符合设备性能标准。

5.1.2　盐雾试验

进行电动机设备的盐雾试验目的是用于确定长期暴露在盐雾大气中或正常使用中经受的盐雾对设备的影响。盐雾预期的主要有害影响：

1）金属的腐蚀。

2）由于盐的沉积引起活动部件的阻塞或卡死。

3）绝缘失效。

4）接触器和无涂覆导线的损坏。

盐雾试验的目标对象是安装在飞机上正常使用过程中会遭受腐蚀大气影响部位的设备。

盐雾试验的目标设备应包括：

1）带有支撑试验样品架的暴露试验箱。

2）带有能保持适当液位装置的盐溶液槽。

3）盐溶液的雾化装置，包括合适的喷嘴和压缩空气源。

4）加热和控制箱温的装置。

5）在箱温以上的温度下加湿空气的装置。

试验样品的处理应尽量少，特别是对于重要表面，并应在试验准备工作完成后立即进行暴露。除非另有规定，应彻底清除无保护层金属或涂有金属保护层设备的表面油污和油脂，直到表面不再形成水珠为止。清洗方法应不包括使用腐蚀剂或保护膜，除纯氧化镁软膏以外也不应使用其他研磨剂。涂覆有机涂层的试验样品不能用溶剂清洗。试验样品与支架接触部位和不要求涂覆的切削加工过的边缘和表面，除非对涂保护层装置或试验样品另有规定，均应使用蜡或不透湿气的类似物质加以保护。

常规盐雾试验通常分为以下步骤：

1）盐溶液喷雾：利用相关要求规定的盐溶液，连续 24h 或按试验计划规定的时间喷入试验箱内。在整个暴露周期中，至少每 24h 测量一次盐雾沉降率和 pH 值，以确保沉降率为 1~3（mL/（80cm² · h））。

2）干燥处理：试验样品在标准大气环境温度和相对湿度不大于 50%RH 的条件下干燥 24h。在干燥期间，不要触动试验样品或对其机械特性进行任何调整。

3）重复喷雾和干燥：干燥结束后，除非另有规定，应将样品重新放入盐雾箱内，重复步骤 1）和步骤 2）。

4）测试与检查：干燥结束后，启动试验样品并确认其是否符合有关设备性能标准。之后，检查试验样品的腐蚀情况。如有必要，可用温度不超过 28℃的流动水轻轻冲洗。必须分析任何腐蚀对试验样品正常功能造成的直接或潜在影响。建议在试验过程中更频繁地间隔测量。如果沉降量不符合要求，则应重复该间隔步骤。

5.1.3 振动试验

进行电动机设备的振动试验的目的是验证设备在承受其安装位置规定的振动量级时能否符合其性能标准要求（包括耐久性要求）。

在进行试验过程中需要注意以下几点：

1）设备安装。试验设备应确保输入振动方向平行于三个主正交轴之一。任何试验夹具的刚性和对称性应与实际情况一致。设备需按照设备规范规定的方式连接在夹具或振动台的台面上。外部装有减振器 / 缓冲器的设备，应在试验中安装好这些组件。

2）加速度计安装。如果适用，应在经受振动试验的设备上安装加速度计，以测量和记录设备在指定振动轴向的振动响应，确定其共振频率和放大系数。加速度计的安装位置可以选在主要的结构、印制电路板、大型元件和模块等可行的地点。

3）控制加速度计的安装。每个试验中轴向的控制加速度计应尽可能靠近设备安装点，牢固地安装在试验夹具上。当使用多个加速度计进行试验量级控制时，要对正弦试验采用各加速度计控制信号的平均值作为试验量级的控制值，而随机试验则使用各加速度功率谱密度（Acceleration Power Spectral Density，APSD）信号的平均值进行控制。对于所有类型的振动输入，应使用适当的谱图或 APSD 图来验证控制量级是否满足试验要求。

4）随机振动信号。随机振动信号应具有高斯分布，控制信号的瞬时振动加速度峰值应限制在均方根加速度（Grms）量值的 3 倍以内。

5）正弦加速度测量精度。测量正弦加速度的仪器系统精度应为：加速度 ±10%，频率 ±2%。

6）分频带试验：如果随机振动试验要求超过了系统的功率能力，可以分别在 10~600Hz 和 600~2000Hz 的分频带进行试验。在每个分频带的试验使用规定的试验时间。

5.2 电机控制器设备验证试验

5.2.1 高低温试验

进行电机控制器设备的高低温试验可确定设备在 RTCA/DO-160G 第 4 章温度—高度中表 4-1 中规定的温度的相应类别下的性能特性。

1. 低温工作试验

在环境大气压力下，使设备处于工作状态，调节试验箱内空气温度到 RTCA / DO-160G 第 4 章温度—高度中表 4-1 中规定的相应的工作低温。在设备达到温度稳定后，保持试验箱内空气温度在工作低温条件下使设备工作至少 2h。工作期间，确定是否符合有关设备性能标准。低温工作试验剖面如图 5-2 所示。

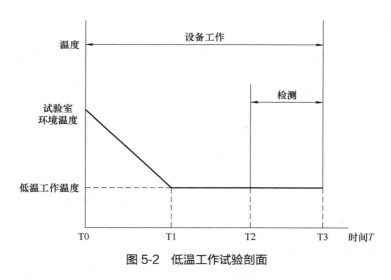

图 5-2 低温工作试验剖面

对图 5-2 解释如下：

1）从 T0 到 T1 温度变化速率不做规定。

2）T1 到 T2 为设备达到温度稳定时间。

3）T2 到 T3 至少 2h。

2. 高温工作试验

在环境大气压力下，使设备处于工作状态，调节试验箱内空气温度到 RTCA／DO-160G 中表 4-1 规定的相应高温工作温度。在设备达到温度稳定后，保持试验箱内空气温度在高温工作温度条件下使设备工作至少 2h。在设备工作期间，确定设备是否符合有关设备性能标准。高温工作试验剖面如图 5-3 所示。

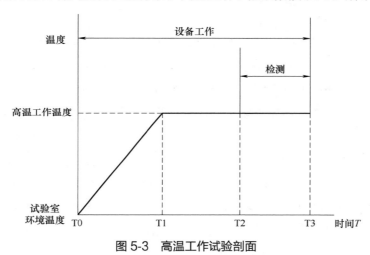

图 5-3　高温工作试验剖面

对图 5-3 解释如下：

1）从 T0 到 T1 温度变化速率不做规定。

2）T1 到 T2 为设备达到温度稳定时间。

3）T2 到 T3 至少 2h。

5.2.2　湿热试验

进行电机控制器设备湿热试验以确定设备耐受自然的或诱发的潮湿大气的能力。湿热预期的主要有害影响是：①腐蚀；②吸收湿气而引起设备性能的改变。设备性能包括机械性能（金属）、电气性能（导体和绝缘体）、化学性能（吸湿的元件）、热性能（隔热体）等。标准湿热环境常作为准备安装在民用飞机、非民用运输机和其他种类飞机的环境控制舱内设备的相应试验环境。在这些飞机的环境控制舱内通常不会遇到严酷的湿热环境。标准湿热环境试验如图 5-4 所示。

试验程序应按下列步骤进行：

1）安装样品：将受试样品按实际使用状态安装在试验箱内。

2）初步稳定：受试样品在温度 38℃ ±2℃、相对湿度 85%±4% 的条件下保持稳定。

3）升温加湿：在 2h±10min 内，将试验箱温度升高到 50℃ ±2℃，相对湿度升高到 95%±4%。

4）保持状态：维持试验箱温度 50℃ ±2℃，相对湿度（95%±4%）RH 至少 6h。

5）降温保持湿度：在接下来的 16h±15min 内，将温度逐渐降到 38℃ ±2℃ 或更低。在此期间，尽可能保持高的相对湿度，不得低于 85%RH。

6）重复循环：重复步骤 3）、4）和 5），直至完成 2 个循环（共暴露 48h）。

7）测试与检查：暴露期结束后，从试验箱中取出设备并排除冷凝水（不能擦干）。

在完成 2 个循环后的 1h 内，给设备施加正常供电并启动设备。设备连接主电源后，预热时间最多允许 15min。对于不依靠电力工作的设备，用不超过相应设备类别要求的高温短时工作试验的热量进行预热，预热时间最多 15min。一旦预热阶段结束，立即进行必要的试验和测试，以确定设备是否符合相关性能标准。标准湿热环境试验如图 5-4 所示。

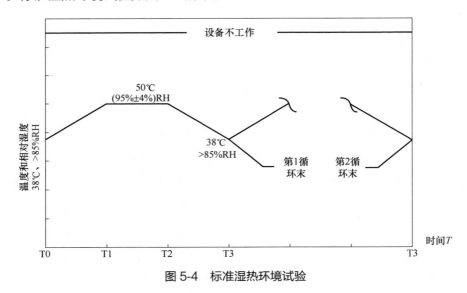

图 5-4　标准湿热环境试验

图 5-4 解释如下：

1）T0~T1 为 2h±10min。

2）T1~T2 至少为 6h。

3）T2~T3 为 16h±15min，在此期间，保持相对湿度宜不低于 85%RH。

4）第 2 循环结束后继续进行的试验，请参见试验程序中的后面步骤。

5）T0 表示下一个循环的开始，而不是试验的起始点。

5.2.3　盐雾试验

进行电机控制器设备盐雾试验可确定长期暴露在盐雾大气中或正常使用中经受的盐雾对设备的影响。盐雾预期的主要有害影响是：

1）金属的腐蚀。

2）由于盐的沉积引起活动部件的阻塞或卡死。

3）绝缘失效。

4）接触器和无涂覆导线的损坏。

进行盐雾试验的设备主要为安装在飞机上正常使用过程中会遭受腐蚀大气影响部位的设备，划为 S 类。

盐雾试验的目标设备应包括：

1）带有支撑试验样品架的暴露试验箱。

2）带有能保持适当液位装置的盐溶液槽。

3）盐溶液的雾化装置，包括合适的喷嘴和压缩空气源。

4）加热和控制箱温的装置。

5）在箱温以上的温度下加湿空气的装置。

试验样品的处理应尽量少，特别是对于重要表面，并应在试验准备工作完成后立即进行暴露。除非另有规定，应彻底清除无保护层金属或涂有金属保护层设备的表面油污和油脂，直到表面不再形成水珠为止。清洗方法应不包括使用腐蚀剂或保护膜，除纯氧化镁软膏以外也不应使用其他研磨剂。涂覆有机涂层的试验样品不能用溶剂清洗。试验样品与支架接触部位和不要求涂覆的切削加工过的边缘和表面，除非对涂保护层装置或试验样品另有规定，均应使用蜡或不透湿气的类似物质加以保护。

进行电机控制器设备盐雾试验的主要步骤为：

1）盐溶液喷雾：利用相关要求规定的盐溶液，连续喷射 24h 或根据试验计划喷射规定时间。在整个暴露周期内，至少每 24h 测量一次盐雾沉降率和沉降溶液的 pH 值，确保沉降率在 1~3（mL/（80cm²·h））。

2）样品干燥：在标准大气环境温度和相对湿度不超过 50%RH 的条件下，干燥试验样品 24h。在干燥期间，不要触动试验样品或调整其机械特性。

3）重复循环：干燥结束后，除非另有规定，应将样品重新放回盐雾箱内，重复步骤 1）和步骤 2）。

4）工作测试和腐蚀检查：干燥结束后，启动试验样品，确认其是否符合相关设备性能标准。之后检查试验样品的腐蚀情况。必要时，可用温度不高于 28℃的流动水轻轻冲洗。必须分析任何腐蚀对试验样品正常功能造成的直接或潜在影响。建议在试验过程中更频繁地间隔测量。如果沉降量不符合要求，应重复该间隔步骤。

5.2.4　电源线音频传导敏感性试验

进行电机控制器设备电源线音频传导敏感性试验可确定设备安装在飞机上时，能否耐受通常与电源基波频率相关的预期幅度的谐波频率分量。进行该试验的设备类型为由飞机发动机驱动的交流发电机/整流器或直流发电机供电，同时在直流汇流条上始终浮置一个有足够容量蓄电池的直流电源系统中的直流用电设备，将这类设备标识为 B 类。

除非另有规定，14V 直流用电设备试验电平为 28V 直流用电设备的一半。音频传导敏感性试验配置（交流和直流电源线差模试验）如图 5-5 所示。

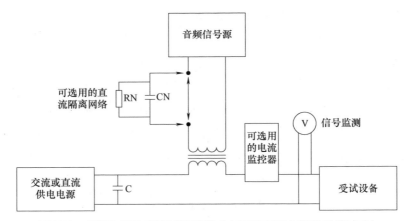

图 5-5　音频传导敏感性试验配置（交流和直流电源线差模试验）

对图 5-5 的解释：对于直流电源：$C \geqslant 100\mu F$；对于交流电源：$C \geqslant 8\mu F$；选用的直流隔离网络（CN 和 RN）应不影响需要的试验电平；可选用的电流监控器测量音频电流的交流分量，不是 EUT 的电流。

28V 直流电气系统 B 类设备脉动频率特性如图 5-6 所示。

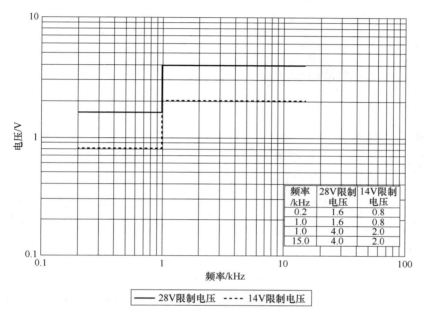

频率 /kHz	28V限制 电压	14V限制 电压
0.2	1.6	0.8
1.0	1.6	0.8
1.0	4.0	2.0
15.0	4.0	2.0

——— 28V限制电压　- - - - 14V限制电压

图 5-6　28V 直流电气系统 B 类设备脉动频率特性

对于产生离散频率的试验设备，每十倍频程的试验频率点数至少 30 个。试验频率点应按对数排列。用来按升序计算每十倍频程 30 个频率点的公式是：

$$f_{n+1} = f_1 \times 10^{(n/30)} \pm 1\%$$

式中，f_n 为试验频率，$n = 1 \sim m$；f_1 为起始频率；f_m 为终止频率；$m = 1 + 30\lg(f_m/f_1)$。

不包括试验设备设置所占用的时间，每个试验频率点的驻留时间应至少 1min。如果最后一步计算所得的试验频率 f_{n+1} 高于 f_m，则最大试验频率取 f_m。

对于产生连续线性频率扫描的试验设备，最小扫频速率（即最快）应为每十倍频程的离散频率点数乘以 2 倍的驻留时间。即每十倍频程 30 个离散频率点乘 2 再乘 1min 驻留时间，等于每十倍频程 60min 的扫频速率。

应对受试设备从主电源上获得最大稳态电流和最小稳态电流时的工作模式进行试验。

如果最大稳态电流与最小稳态电流之比是 2：1 或更小，则只需对受试设备获得最大稳态电流时的工作模式进行试验。

对于 B 类设备，按照图 5-5 连接受试设备。受试设备工作时，在每一根不接地的直流电源输入线上依次串联施加一个正弦音频信号。保持图 5-5（适用的）中规定的信号峰 - 峰值，同时改变施加音频信号频率，并按规定的速率进行扫频，确定与适用的设备性能规范的符合性。按照规定测试受试设备的所有工作模式，重复该试验。

5.2.5 射频敏感性试验（辐射和传导）

进行电机控制器设备射频敏感性试验可确定设备及其互连线缆暴露于由射频场辐射或通过注入探头感应到电源线和接口电路引线所形成的射频调制功率电平时，是否可以在其性能规范内正常工作。

1. 传导敏感性（Conducted Susceptibility，CS）试验

CS 试验适用范围 / 目的是用于 EUT 及其互连电缆或电路施加适用类别的试验电平，同时监测电缆束上的感应到电缆束中的电流。所有 EUT 连接 EUT 到与飞机系统中其它设备或接口单元的所有电缆束和相应的电缆分支均应能够承受进行该项试验。对所有类别而言，用受试线束上的感应电流来确定试验电平，试验极限由注入探头的输入功率确定。互连线缆可整体或单独进行试验。对具有内部冗余电缆的设备，可采用多个探头同时注入不同电缆束的方法。根据 RTCA/DO-160G 的要求，受试电缆束中不应包括直接连接至试验台地上的电源回线或地线，并且对其不做试验要求。

CS 试验的试验程序为：

1）确定适当的探头位置、软件安装、EUT 的工作模式和稳定性、试验设备和所有监测电路及负载。

2）在进行试验的过程中，需要注意由校准装置的再辐射产生的射频场可能具有危险性，应对相关射频暴露极限进行监测。

3）将信号发生器设置到 10kHz，调整并控制输入功率，以在电缆束上获得 RTCA/DO-160G 中所选类别的感应电流电平。必要时需对输入功率加以限制，使其不超过探头校准程序中确定的校准值 6dB。

4）在电线束电流电平符合要求，并且输入功率不超过极限的情况下，进行频率扫描。

5）将感应电流和施加的输入功率记录于试验报告中。

2. 辐射敏感性（Radiated Susceptibility，RS）**试验**

RS 试验的适用范围/目的是使 EUT 及其互连电缆暴露于 RTCA/DO-160G 中适用类别的射频场。

RS 试验的程序如下：

1）初步确认：确认合适的天线和各向同性探头位置，安装软件，检查 EUT（受试设备）的工作模式和稳定性，确认试验设备和所有监视电路及负载。

2）功能验证：使用各向同性探头验证发射通道功能的正常运行。根据校准的输入功率施加所需的场强。

3）试验注意事项：射频场可能具有危险性，应对相关射频暴露极限进行监测；在校准辐射场时，确定相应的输入功率设置；施加调制时，确保峰值幅度符合 RTCA/DO-160G 的要求；使用适当的调制，扫描至频率范围的上限；根据需要，选择在内部调制、数据或时钟频率处驻留。

4）工作情况评估：在扫描过程中，对 EUT 的工作情况进行评估，并确定其是否符合适用的设备性能规范。

5.2.6 电压尖峰试验

进行电机控制器设备电压尖峰试验的目的是确定设备是否能够承受来自交流或直流电源线上电压尖峰的影响。电压尖峰预期产生的主要有害影响有：①永久性损坏，元器件失效，绝缘击穿；②敏感性下降或设备性能改变。

电压尖峰试验的试验程序为：

1）断开受试设备，并按照图 5-7 的要求验证瞬态波形。

2）使受试设备在其设计电压下工作，向每个主电源的输入端施加一系列如图 5-8 所示的正、负尖峰信号。对于由同一汇流条提供多种电源供电的情况，所有连接的电源线试验应同时进行。

3）在 1min 内施加至少 50 次正极性瞬态信号，然后在 1min 内施加至少 50 次负极性瞬态信号。施加正极性和负极性瞬态的间隔时间与试验目的无关，可由试验人员决定。对受试设备的每个工作模式或功能重复本步骤。

4）施加电压尖峰后，确定是否符合相应设备性能规范要求。在进行试验的过程中需要注意如果在试验期间要检查受试设备的性能，则要采用相关设备性能规范中规定的要求。

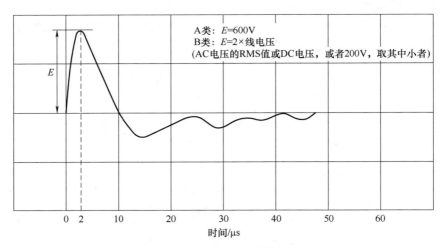

A类：E=600V
B类：E=2×线电压
(AC电压的RMS值或DC电压，或者200V，取其中小者)

图 5-7　电压尖峰试验波形

注：信号源的标称阻抗应为 50Ω ，且额定的电压和持续时间仅适用于开路状态，与受试设备连接后，峰值电压可能会降低。试验装置的源阻抗可用一个 $50\Omega \pm 10\%$ 的负载电阻进行试验验证，且负载电阻上应产生规定电压一半 $\pm 10\%$ 的电压。图 5-7 所示为典型的波形。如果波形的脉冲上升时间小于或等于 $2\mu s$ ，且总的脉冲持续时间至少为 $10\mu s$ ，则认为该波形满足试验要求。

5.2.7　感应信号敏感性试验

进行电机控制器设备感应信号敏感性试验主要用于确定设备互连电路能否承受安装环境所产生的感应电压电平。本部分主要涉及的干扰信号包括由机上其它设备或系统产生并通过互连线路耦合到 EUT 内部敏感电路的电源频率及其谐波、音频信号以及电瞬态信号。感应信号敏感性试验按照 RTCA/DO-160G 中要求的试验方法进行，试验项目见表 5-1。感应尖峰波形如图 5-8 所示。

表 5-1　试验项目

序号	项目
1	对设备的感应磁场
2	对设备的感应电场
3	对互连电缆的感应磁场
4	对互连电缆的感应电场
5	对互连电缆的感应尖峰

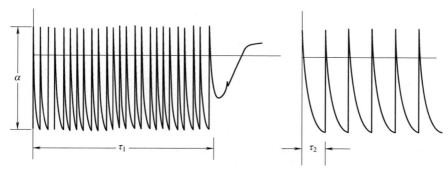

图 5-8 感应尖峰波形图

α—幅度 $\geq 600V_{P\text{-}P}$ τ_1—总持续时间为 $50\sim1000\mu s$ τ_2—重复周期时间为 $0.2\sim10\mu s$

表 5-1 中的序号 3 和序号 4 试验，涉及频率扫描速率和驻留时间。其中扫频速率为每 10 倍频程的试验频率点数至少 30 个，试验频率点应按对数排列。用来按升序计算每 10 倍频程 30 个频率点的公式是：

$$f_{n+1}=f_1 \times 10^{(n/30)} \pm 1\%$$

式中，f_n 为试验频率，$n=1\sim m$；f_1 为起始频率；f_m 为终止频率；$m=1+30\lg(f_m/f_1)$。不计测试设备的调整时间，每个试验频率点至少 10s，如果最后一步的试验频率 f_{n+1} 高于 f_m，则在 f_m 结束试验。感应信号敏感性试验针对不同对象的试验步骤如下文所述。

1. 对设备的感应磁场

1）将受试电机控制器置于由一根直导线辐射体产生的音频磁场中，辐射体中电流大小按规定设置，辐射体位于受试电机控制器部件边缘 0.15m 的范围。

2）辐射体需根据每个受试电机控制器的外表面来定位，以产生最大干扰，试验布置如图 5-9 所示。辐射体长度应确保在每个受试电机控制器的两端至少延伸 0.6m。向辐射体提供电流的引线应放置在距离受试电机控制器的任何部分和辐射体本身至少 0.6m 处。

3）试验过程使辐射体处于水平状态，对受试电机控制器的前面从下往上进行扫描，然后辐射体跨过顶部和底部到 EUT 的后面从上往下进行扫描。辐射导线或 EUT 旋转 90°，对 EUT 的左面（或右面）从下往上扫描，然后辐射体跨过顶部和底部到 EUT 的右面（或左面）从上往下扫描。允许增加辐射导线 /EUT 的位置，目的是对受试电机控制器的四个侧面和顶面进行试验。扫描速率应比系统的响应时间慢。

4）确定受试电机控制器是否符合有关性能规范的要求。

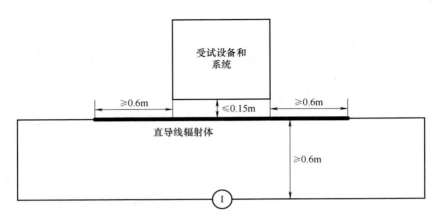

图 5-9　对设备的感应磁场试验布置图

2. 对设备的感应电场

1）将受试电机控制器置于由一根 0.2m 直导线辐射体产生的音频电场中，辐射体离受试电机控制器边缘的距离在 0.01m 范围内，按照标准规定，设置施加的试验频率和电平。

2）辐射体需要根据每个受试电机控制器的外表面来定位，以产生最大干扰，试验配置如图 5-10 所示。向辐射体施加电压的引线应放置在距离受试电机控制器的任何部分和辐射体本身至少 0.6m 处。

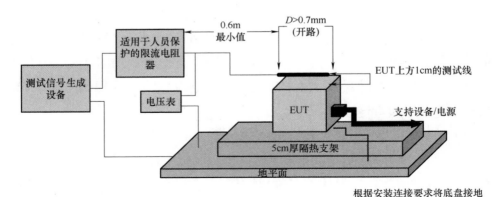

图 5-10　对设备的感应电场试验布置图

3）试验时使辐射体处于水平状态，对受试电机控制器的朝前面从下往上进行扫描，然后辐射体跨过顶面对受试电机控制器背面从上往下进行扫描。将辐射体或受试电机控制器旋转 90°，对受试电机控制器的左侧面（或右侧面）从下往上扫描，然后辐射体跨过顶面对右侧面（或左侧面）从上往下扫描。目的是对受试电机控制器的四个侧面和顶面都进行试验。扫描速率应比系统的响应时间慢。

4）确定受试电机控制器是否符合有关性能规范的要求。

3. 对互连电缆的感应磁场

1）受试电机控制器通电预热并达到稳定工作状态，选择一根互连电缆进行测试。

2）使受试电机控制器的互连电缆束置于图 5-11 所示的音频磁场中，按照规定设置初始频率和电流，使其产生相应的音频磁场。

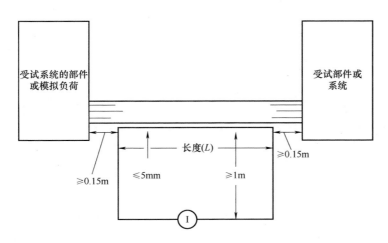

图 5-11 对互连电缆的感应磁场试验布置图

3）试验期间，所有设备互连电缆均按适用的安装和接口控制图表进行布置，充分模拟与受试电机控制器有关的其它设备的所有输入输出情况，电场源的供电电源不应与设备的供电电源同步。扫描速率和驻留时间应与上文 2. 试验方法保持一致。

4）确定受试电机控制器是否符合有关性能标准的要求，对其它受试互连电缆分别重复 2）~4）步骤。

4. 对互连电缆的感应电场

1）受试电机控制器通电预热并达到稳定工作状态，选择一根互连线缆进行测试。

2）将辐射体导线螺旋式缠绕在受试电缆束上，缠绕匝数为每米 3 匝，缠绕长度为标准中定义的长度 L。

3）将受试电机控制器的互连电缆束置于图 5-12 所示的音频电场中，按标准规定设置初始频率和电压，使其产生相应的电场。

4）试验期间，所有设备互连电缆均按适用的安装和接口控制图表进行布置，充分模拟与受试电机控制器有关的其它设备的所有输入输出情况，电场源的供电电源不应与设备的供电电源同步。扫描速率和驻留时间应与上文 2.试验方法保持一致。

5）确定受试电机控制器是否符合有关性能标准的要求，对其它受试互连电缆分别重复 2）~5）步骤。

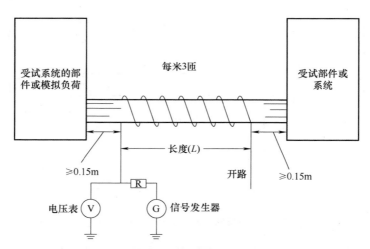

图 5-12　对互连电缆的感应电场试验布置图

5. 对互连电缆的感应尖峰

1）受试电机控制器通电预热并达到稳定工作状态，选择一根互连线缆束进行测试。

2）将辐射体导线螺旋式缠绕在受试电缆束上，缠绕匝数为每米 3 匝，缠绕长度为标准中定义的长度 L。

3）将受试电机控制器互连电缆束置于图 5-13 所示的试验装置产生的正、负瞬态场中，调整感应尖峰发生器，使其产生 8~10 次 /s 的脉冲重复率和标准规定的峰值电压。

4）正负极性的瞬变脉冲信号至少应分别施加 2min。

5）试验期间，所有设备互连电缆均按适用的安装和接口控制图进行布置，充分模拟与受试电机控制器有关的其它设备的所有输入输出情况，电场源的供电电源不应与设备的供电电源同步。

6）确定受试电机控制器是否符合有关性能标准的要求，对其它受试互连电缆分别重复 2）~6）步骤。

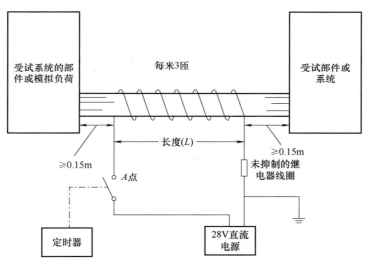

图 5-13　对互连电缆的感应尖峰试验布置图

5.3　锂电池组设备鉴定试验

电池是电动飞机的动力来源。锂电池作为动力电池，具有能量密度高、功率密度大、工作温度范围宽、自放电率低，无记忆效应等优势，在电动飞机上得到广泛应用。然而由于内部存储了大量的能量，使锂电池同时存在一定的安全风险。研究表明，锂电池安全性失效模式主要表现为燃烧爆炸、发热起火、膨胀变形、漏气漏液等，其中最核心的失效原因为电池的热失控。

由美国航空无线电技术委员会特别委员会于 2017 年发布的 RTCA/DO-311A 《可充电锂电池和电池系统的最低运行性能标准》是首个专门针对航空领域锂离

子电池的标准规范。该标准主要针对机载设备锂电池和起动机用锂电池，从设备层面和系统层面提出了更高的性能要求。该标准大部分章节对航空动力电池有普标指导意义，目前航空用动力锂电池也大多基于 DO-311A 为基础进行引用和编写。

鉴于电动航空刚刚兴起，缺少专门针对航空动力锂电池系统的适航验证试验标准，2022 年颁布的《正常类飞机适航规定》（CCAR-23-R4）中对电动飞机动力装置做了补充要求，其中第 23.2705 条对电池和配电系统提出了如下要求。

1. 每个电池和配电系统，应当满足下列要求

1）对于有多套电池及配电系统的，应当设计和布置成各系统之间具有独立性，使得一套系统内的任一部件失效都不会导致其他系统电池或者配电功能的丧失。

2）应当设计和布置成当可能暴露在闪电环境时，能够防止由于闪电的直接影响或者间接影响而导致的灾难性事件。

3）为动力装置安装提供有适当裕度的电能，以确保在所有允许的和可能的运行情况下，考虑可能的部件失效情况，能够安全工作。

4）向飞行机组提供用于确定剩余可用电能总量的措施，并在系统正常工作时能不间断供电，此时应当考虑电源可能的波动情况。

5）提供将系统内电池从飞机上安全移除或者隔离的措施。

6）在任何可能运行情况下能够防止漏电，并将任何可生存应急着陆期间对乘员的危害降至最低。对于 4 级飞机，应当考虑着陆系统因过载导致的失效。

2. 每个电池系统要求应当满足下列要求

1）考虑安装情况，能够承受可能的运行条件下的载荷而不失效。

2）与人员舱隔离并使人员免受其可能的危害。

3）在最大连续功率或者推力下提供至少工作半小时的电能。

3. 每个充电系统的设计，应当满足下列要求

1）防止不当充电。

2）防止在可能的工作期间损害电池。

3）防止在充电期间对飞机或者人员造成危害。

4）飞机地面操作期间可能发生的错误，不得导致电能的危险性损失。

第 23.2710 条规定电池和电动力系统运行中可能的着火或者过热情况，应当具备隔离和降低其对飞机危害的措施。

综合国际和国内的动力锂电池的规章、专用条件及工业标准，整理锂电池组验证试验可分为系统性能试验、系统环境适应性试验和电磁兼容性试验三大部分，其中系统性能试验项目应当包括电池系统额定容量、过放电测试、过冲测试、爆炸包容性等；系统环境适应性试验应当包括防水、高度、减压、湿度温度、盐雾等项目；电磁兼容性试验应包括静电放电、磁效应、电源输入等项目，具体试验内容项目清单见表5-2。

表 5-2 锂电池系统设备鉴定试验项目

锂电池系统性能试验项目			
序号	试验内容	序号	试验内容
1	绝缘电阻测试	9	过放电测试
2	手柄强度测试	10	过冲测试
3	电池系统额定容量	11	单体电芯短路
4	低温和高温时的容量	12	去除保护的电池组短路
5	充电接受能力	13	去除保护的过放
6	电荷保持能力	14	单体电芯热失效包容性
7	短时高温快速放电	15	电池系统热失效包容性
8	带保护的短路测试	16	爆炸包容性
锂电池系统环境适应性试验项目			
1	防水	6	温度冲击
2	高度	7	盐雾
3	减压	8	振动冲击和撞击安全
4	湿度	9	振动
5	温度		
锂电池系统电磁兼容性试验项目			
1	电源输入	5	射频敏感性
2	电压尖峰	6	射频能力发射
3	音频传导敏感性	7	静电放电
4	感应信号敏感性	8	磁效应

5.3.1　系统性能试验

1. 额定容量试验

该试验是依据 DO-311A 中的要求对电动飞机锂电池系统在 23℃下以 I_1 的速率进行放电的额定容量试验。如果电池不能以 I_1 的速率放电，则以 I_{max} 的速率进行测试。对于额定为 I_{EUT} 速率的嵌入式电池，仅以 I_{EUT} 速率运行此测试。为了进行此项测试，可将嵌入式电池从设备中取出。

额定容量试验的试验方法：

1）被测试设备应按照制造商指导的要求进行维护并充满电。

2）将受试设备稳定在 23℃的温度下。

3）以 I_1（或 I_{max}，或 I_{EUT}）的速率将受试设备放电至其终止电压。

4）验证被测试设备是否符合要求。

5）报告电池电量。

如试验后放电容量不小于额定容量，额定容量试验达到合格标准。

2. 系统低温和高温容量试验

低温和高温容量试验的目的是确认电池在工作低温和工作高温下放电时，符合设计文件中规定的低温和高温容量值。

低温和高温容量试验的试验内容是根据飞机对机载锂离子动力电池的整体要求，为了验证电动飞机锂电池系统在低温和高温的环境下的容量，以 I_{max} 速率进行放电容量测试。在进行该试验时，通常需要考虑以下两种情况。

（1）低温容量试验

1）被测试设备应按照制造商指导的要求进行维护并充满电。

2）被测试设备根据《民用飞机机载设备环境鉴定实施指南》（RTCA/DO-160）第 4 部分中要求的工作低温稳定不通电。

3）对于带加热器的电池，在放电开始前向被测试设备通电 15 分钟，然后在放电开始时切断所有电源。注意：对于带有自供电加热器的电池，加热器不会被禁用。

4）以 I_1（或 I_{max} 或 I_{EUT}）的速率将受试设备放电至其终止电压。

5）验证被测试设备符合设计文件中规定的低温容量值。

（2）高温容量试验

1）根据 RTCA/DO-160 第 4 部分，在工作高温下对制造商声明的类别重复上面（1）中步骤 1）至 5），注意应相应改变为高温情况。

2）报告受验设备的最高外部温度。

3. 充电接受能力试验

充电接受能力试验是为了验证电动飞机锂电池系统在室温条件下接受充电的能力，评估电池在充电后立即用于紧急或非紧急负载的能力。在进行该试验时，通常需要考虑以下两种情况。

（1）23℃下的充电接受能力

1）当受验设备在 23℃的温度下稳定后，应以 I_1（或 I_{max} 或 I_{EUT}）的速率放电至终止电压。

2）将受试设备稳定在 23℃的温度下，然后根据制造商的飞机操作说明，使用外部电源并对受试设备充电 1h。记录数据并绘制充电电流值随时间的变化曲线。

3）切断外部电源。

4）在断开外部电源后 5min 内，以 I_1（或 $I_{max,}$ 或 I_{EUT}）的速率放电至其终止电压，记录容量值。

5）验证步骤 4）中测量的容量值符合在电池组放电至最低放电电压后，电池在充电 1h 时应接受足够的充电，以满足设计文件中规定的 1h 充电接受容量值。

（2）低温充电接受能力

1）当受验设备在 23℃的温度下稳定后，应以 I_1（或 I_{max} 或 I_{EUT}）的速率放电至其终止电压。

2）根据 RTCA/DO-160，对于制造商声明的类别，将受验设备稳定在工作低温下。在此步骤中，不得向加热器（如有）提供外部电源。

3）根据制造商的飞机操作说明，接通外部电源并对受试设备充电 1h。记录充电电流值和任何外部加热器电流值随时间的变化。在此步骤中，蓄电池加热器（如有）应处于正常工作模式。

4）切断外部电源。

5）在切断外部电源后 5min 内，以 I_1（或 $I_{max,}$ 或 I_{EUT}）速率放电至其终止电压，记录容量值。

6）验证步骤 5）中测量的容量值符合在电池组放电至最低放电电压后，电池在充电 1h 时应接受足够的充电，以满足设计文件中规定的 1h 充电接受容量值。

4. 系统电荷保持能力试验

系统电荷保持能力试验通过测量在室温和 50℃下储存 28d 后的电荷保持率，来确定温度对自放电的影响。在进行该试验时，通常需要考虑以下两种情况。

（1）环境温度下的充电保持

1）根据以下要求测量得容量 1：

● 被测试设备应按照制造商指导的要求进行维护并充满电。

● 将受试设备稳定在 23℃的温度下。

● 以 I_1（或 I_{max} 或 I_{EUT}）的速率将受试设备放电至其终止电压。

● 验证被测试设备是否符合本节额定容量试验的要求。

● 报告电池电量。

2）被测试设备应按照制造商指导的要求进行维护并充满电。

3）将受试设备在环境温度下开路储存 28d。

4）储存期结束时，受验设备应稳定在 23℃的温度下。

5）以 I_1（或 I_{max}，或 I_{EUT}）速率对被测试设备放电至终止电压，并测量得容量 2。

6）报告容量（容量 1 和 2）和容量保留百分比（保留百分比 =（容量 2）/（容量 1）×100%）。

7）验证步骤 6）中报告的容量是否符合该试验要求。

（2）50℃下的电荷保持率

使用 50℃的储存温度重复（1）中步骤 1）至 7）。在试验结束后，当容量保持率 >90% 额定容量时，认为该试验达到合格标准。

5. 短时快速高温放电试验

电动飞机短时快速高温放电试验是为了验证电动飞机锂电池在快速放电条件下能否在最高温度和电流下正常工作。快速放电试验以 I_{max} 速率或 $10I_1$ 速率进行，以较小者为准。如果 I_{max} 或 I_{EUT} 速率小于 I_1 速率，则不需要此测试。

该试验方法为：

1）被测试设备应按照制造商的说明进行维护并充满电。

2）根据 RTCA/DO-160，对于制造商声明的类别，将被测试设备稳定在短时高温运行。

3）以 I_{max} 速率或 $10I_1$ 速率（以较小者为准）将受试设备放电至其终止电压。放电持续时间不得超过 30min。如果在终止电压之前达到热保护切断，则被测试设备未通过该测试。

4）在步骤 3）之后，可将受试设备从试验箱中取出，或在试验箱中冷却。

5）继续监测被测试设备 3h。

6）在整个试验过程中，记录受试设备的外部温度。此外，建议监测部分或全部电池的温度。

7）报告受试设备代表性外表面的最高温度。

8）验证被测试设备满足该试验的要求。

当在短时高温下进行快速放电时（按照 RTCA/DO-160 中制造商声明的类别）电池系统应符合以下要求：

1）电池系统外无碎片释放。

2）电池系统外无火焰泄漏。

3）电池系统不排放气体、烟雾、烟尘或液体。

4）电池系统没有破裂。

5）完全放电到终止电压而不激活电池热切断保护。

6. 系统温度试验

系统温度试验可验证电动飞机锂电池系统在预期的发生温度环境（高、低温储存和工作）条件下能否满足预期的功能和性能，在经历温度环境后能否保持功能、性能。该试验通常在高低温环境箱中进行。

该试验按以下流程进行：

1）鉴定试验前，进行试验准备。按照环境鉴定试验程序中规定的试验要求进行试验设置。

2）进行符合性检查，同时由设备制造商代表签署符合性声明。

3）对试验设置进行拍照并记录在试验报告的记录中。

4）使受试设备处于工作状态，然后按照规定的温变速率将箱内空气温度调节至规定低温工作温度，受试设备在该温度条件下稳定。

5）对受试设备进行功能/性能监测，并记录监测结果。

6）试验后，按照鉴定试验程序要求进行功能／性能监测，并记录试验结果。电池系统通信正常，电池各部件无腐蚀，无物理／机械故障，无外观破损，无绝缘失效。

5.3.2　系统环境适应性试验

1. 系统湿热试验

依据 DO-160G 中的要求对电动飞机锂电池系统进行湿度试验，验证电池系统在潮湿环境中工作时可能发生的性能损伤，包括：腐蚀，机械损伤，化学、电性能和热性能的劣化等。

湿热试验设备主要由箱体、制冷系统、加湿系统、温度循环、温度自动控制系统及温度、湿度检测及报警系统组成。其中箱体为框架式结构，箱壁内外均为钢板，中间填充绝热保温材料。箱壁组成工作室，内部安装有蒸发皿及风道；箱门设有观察窗，箱内安装有照明灯，以便于在试验过程中观察样品情况。制冷系统多为机械制冷，部分为蒸发制冷，根据降温速率要求，可以采用单机制冷或多机组复合制冷。使用蒸馏水或去离子水加湿，加湿方式分为蒸汽式、离心式和喷雾式。目前多采用第 1 种方式加湿，即蒸汽式。采用自动控制湿热的方式，采用"干湿球"法监测湿度，并可实时显示温度、湿度值。

该试验的试验方法为：

1）试验准备。

2）按照要求进行符合性检查，同时由设备制造商代表签署符合性声明（Statement of Compliance，SOC）。

3）按照实际使用状态将样品安装于试验箱内。

4）使受试样品在温度 38℃ ±2℃、相对湿度（85%±4%）RH 条件下保持稳定。

5）在 2h±10min 内，将试验箱温度升到 50℃ ±2℃，相对湿度升到（95%±4%）RH。

6）保持试验箱温度 50℃ ±2℃和相对湿度（95%±4%）RH，时间至少为 6h。

7）在之后的 16h±15min 内，将温度逐渐降低到 38℃ ±2℃或更低，在此期间，保持尽可能高的相对湿度，且不允许低于 85%RH。

8）步骤 5）、6）和 7）构成一个循环，重复这些步骤直到总共完成 2 个循环（暴露 48h）。

9）暴露期结束后，从试验箱中取出设备并排除冷凝水（不能擦干），在 2 个循环完成后的 1h 内，给设备施加正常供电，并启动设备工作。设备施加主电源后预热时间最多允许 15min。对于不依靠电力工作的设备，用不超过相应设备类别要求的短时工作高温试验时的热量，使设备预热最多 15min。预热阶段一结束，立即进行必要的测试和测量，确定设备是否符合其性能要求，包括电池包或系统各部件应无腐蚀，无物理 / 机械故障，无外观破损，无绝缘失效。

2. 系统温度冲击试验

进行系统温度冲击试验是为了验证在预期的发生温度变化（在高、低温工作温度之间变化）的环境条件下，机载设备能否满足预期的功能和性能，并且在经历温度变化后能保持功能、性能。

该试验在快速温变试验箱中进行，选用试验箱应能满足下列基本要求：

1）试验箱应能控制箱内空气湿度，以便消除凝露的产生。

2）试验箱的温度变化速率要能满足设备类型的温度变化速率，温度波动范围不超过 ±2℃。

3）试验箱大小的选取要能满足设备处在试验箱的有效容积内，设备与试验箱内壁间至少应保持 15cm 的距离，以确保空气能正常循环。

该试验方法为：

1）在环境温度下使设备工作，按规定 10℃/min 的变化速率将试验箱内温度降至低温工作温度。

2）将处于工作状态设备的温度稳定在低温工作温度。

3）按 10℃/min 的相应变化速率将试验箱内温度升至高温工作温度。在此温度变化期间，确定是否符合有关设备性能标准。

4）使设备在高温工作温度下达到温度稳定，保持设备在不工作状态下至少 2min。

5）启动设备，按 10℃/min 变化速率将试验箱内温度降至低温工作温度。在此温度变化期间，确定是否符合有关设备性能标准。

6）使设备和试验箱温度稳定在低温工作温度，使设备至少工作 1h。然后使设备断电 30min，在试验箱内温度保持在低温工作温度下，重新启动设备。

7）按 10℃/min 规定的相应变化速率将试验箱内温度升至试验室环境温度。

8）使试验箱和设备在环境温度下达到温度稳定，立即、最终或在循环期间的适当时间，确定是否符合有关设备性能标准。

至少应完成两个循环（上述的 1）~8））。如果在一次循环的每一温度变化期间能完成确定与相应设备性能标准的符合性，则仅需在第二个循环期间进行测试。如果温度变化期间的时间不足以完成确定与相应设备性能标准的符合性，则应进行足够次数的循环，以便确定其全面符合性。试验期间当温度升高引起设备上出现凝露的潜在危险时，应控制试验箱内空气湿度以便消除这种凝露。系统温度冲击试验如图 5-14 所示。在试验结束后，电池系统通信正常，电池无损坏，则认为该试验达到合格标准。

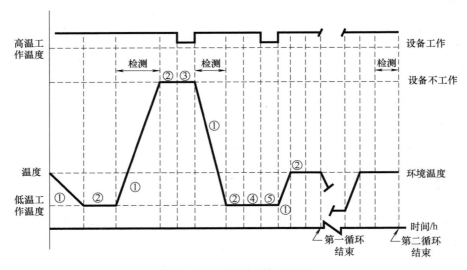

图 5-14　系统温度冲击试验
①—温度变化速率见 RTCA/DO160-G 5.2　②—设备温度稳定时间
③—至少 2min　④—至少 60min　⑤—至少 30min

3. 系统减压试验

进行电动飞机系统减压试验是为了验证电池从高海拔降至低海拔情况下是否能够如预期的执行正常功能。该试验通常在低气压试验箱中进行，RTCA/DO-160G 温度和高度要求的快速减压时间为 15s 内，高度最高要求为 +70000ft.（+21366m）（考虑实际民航飞机飞行高度不超过 50000ft.（+15240m））。所以低气压试验箱的快速减压时间和高度范围要能包括 RTCA/DO-160G 要求的快速减压时间（15s）和高度范围，设备需要有测试孔，方便试验中监测。

该试验的试验方法为：

1）鉴定试验前，进行试验准备。

2）按照环境鉴定试验程序中规定的试验要求进行试验设置。

3）进行符合性检查，同时由设备制造商代表签署符合性声明（SOC）。

4）对试验设置进行拍照并记录在试验报告的记录中。

5）将受试设备处于工作状态，然后按照规定的试验条件将箱内绝对压力调节至 +8000ft.（+2400m，+75.26kPa），受试设备在该压力条件下达到温度稳定。

6）在不超过 15s 内将箱内绝对压力调节到减压试验高度等效压力，受试设备在此压力下保持至少 10min，期间对受试设备进行功能/性能监测，并记录监测结果。

7）试验后，按照环境鉴定试验程序要求进行功能/性能监测，并记录试验结果。在试验结束后电池系统通信正常，电池无损坏，则该试验达到合格标准。

4. 系统过放电试验

当电池达到放电保护极限并允许长时间保持放电状态时，由于寄生负载和自放电，电池将继续放电。发生这种情况时，可能会对一个或多个电池造成内部损坏，并在随后充电时造成危险。为了验证证明电池或电池系统能够承受多次过放电条件和随后的充电循环，应进行系统过放电试验。

该试验的试验方法为：

1）禁用或绕过任何放电保护。禁用任何旨在防止过度放电后充电的充电抑制保护。电池内的保护装置不得禁用。

2）将受试设备稳定在 38℃ 的温度下。

3）以 I_1（或 I_{max}）速率将受试设备放电至其终止电压。

4）将 1Ω 电阻器（或防止过电流跳闸所需的最小电阻）连接在放电 EUT 的正极和负极端子之间。电阻器应保持连接，直到被测试设备电压低于终止电压的 5%。

5）按照制造商的说明给受试设备充电。

6）可将受试设备从温度室（如使用）中取出，以避免温度室接触。如果将 EUT 从试验箱中取出，则应在电池温度降至低于步骤 2）中规定的稳定温度 5℃

（即 33℃）之前实施步骤 5）。

7）重复步骤 2）至步骤 6），直到出现故障情况（无法充电或放电），但不超过 10 个循环。

8）在整个测试过程中，记录受试设备外部温度和任何离开受试设备的气体温度。注：试验过程应录像。

9）报告以下信息：受试设备破裂；从被测试设备排放气体、烟雾、烟尘或液体；受试设备代表性外表面的最高温度；排出被测试设备的任何气体的最高温度；未禁用的保护装置。

10）验证受试设备满足该试验合格的要求。当电池系统具有充电抑制保护且处于过度放电状态时，电池系统应符合电池系统外无碎片释放；无火焰泄漏；不排放气体、烟雾、烟尘或液体；没有破裂；充电抑制保护防止蓄电池充电，则该试验达到合格标准。

5. 系统无保护短路试验

为了验证电动飞机锂电池系统在没有短路保护、短路保护失效或短路保护在短路上游时，对于外部短路的影响，需要进行电动飞机系统无保护短路试验。

该试验的试验方法为：

1）除单体电芯间连接的熔丝（保险丝）外，所有保护装置均应禁用。电芯之间的保护装置不得禁用。

2）被测试设备应按照制造商的说明进行维护和完全充电，并稳定在 55℃或制造商额定最高工作温度（以较高者为准）。

3）断开被测试设备与外部电源的连接。

4）对于独立电池，应使用总电阻不超过 100mΩ 的电源输出进行短路。对于高倍率电池，使用不超过 2mΩ 的电阻代替 100mΩ 的电阻。

5）对于嵌入式电池，应在电池子系统的端子/电线内部短路，不包括任何保护电路，总电阻不超过 100mΩ。电池子系统应安装在被测试设备中，但是输出可与被测试设备的其余部分断开。

6）可将受试设备从温箱（如使用）中取出，以避免对温箱造成污染。如果被试设备从试验箱中取出，步骤 4）（或步骤 5），如适用）应在电池温度低于步骤 2）中规定的稳定温度 55℃之前进行。

7）在受试设备的外部温度恢复到规定的稳定温度（或从试验箱中取出的环

境温度）后，继续施加短路至少 1h，然后消除短路。

8）继续监视 3h。

9）在整个测试过程中，记录输出电压、电流、受试设备外部温度以及任何离开受试设备的气体的温度。注：试验过程中应录像。

10）报告以下信息：受试设备破裂；从受试设备排放气体、烟雾、烟尘或液体；受试设备代表性外表面的最高温度；退出被测试设备的任何气体的最高温度；输出电压和电流随时间变化的表格或图形表示；未禁用的保护装置。

11）验证受试设备满足该试验要求。当试验结束后，电池系统通信正常，电池无损坏，则该试验达到合格标准。当电池系统没有充电抑制保护或当充电抑制保护被禁用，并且电池受到重复的过放电条件时，电池系统通信正常，电池系统外无碎片释放、无火焰泄漏、排放物的逸出应符合所宣布的排放类别。

6. 系统带保护短路试验

进行电动飞机系统带保护短路试验是为了通过在启用保护的情况下进行短路测试，验证电动飞机锂电池系统在处于短路状态时保护电路的有效性。

该试验的试验方法：

1）受试设备的所有内部或外部保护电路应完全工作。

2）受试设备应按照制造商指导的要求进行维护并充满电。

3）断开受试设备与外部电源的连接。

4）对于独立使用的电池，应对总电阻不超过 $100m\Omega$ 的电源输出进行短路。对于高倍率电池，使用不超过 $2m\Omega$ 的电阻代替 $100m\Omega$ 的电阻。

5）对于嵌入式电池，电池子系统输出的端子 / 电线应短路，包括任何保护电路，总电阻不超过 $100m\Omega$。电池子系统应安装在被测试设备中。但是输出可与被测试设备的其余部分断开。

6）在被测试设备外部温度恢复到环境温度后，继续施加短路至少 1h，然后消除短路。

7）继续监视 3h。

8）报告电压和电流随时间变化的表格或图形表示。

9）验证被测试设备符合该试验要求。

在试验结束后，当电池外部短路时，在试验达到合格标准的情况下，电池系统应满足下列要求：

1）电池系统外无碎片释放。

2）电池系统外无火焰泄漏。

3）电池系统不排放气体、烟雾、烟尘或液体。

4）电池系统没有破裂。

5）短路保护应按预期工作。

7. 系统盐雾试验

为了验证电动飞机锂电池系统在长时间暴露于盐环境或盐雾中的影响，需要进行系统盐雾试验。在盐雾试验过程中，预期的主要有害影响有：

1）金属的腐蚀。

2）由于盐的沉积引起活动部件的阻塞或卡死。

3）绝缘失效。

4）接触器和无涂覆导线的损坏。

试验箱和所有附件都应使用不受盐雾腐蚀影响的材料制成，例如玻璃、硬橡胶、塑料和除胶合板之外的其他烘干木材。此外，和试验样品接触的所有部件都要用不会引起电解腐蚀的材料制成。试验箱及其附件的构造和布置不应造成盐雾直接喷射在试验样品上，冷凝水不应滴到试验样品。盐雾能在所有试验样品周围均匀自由循环，与样品接触过的盐溶液不能流回到盐液槽中。试验箱应设有合适的排气孔以防气压升高，并使盐雾均匀分布。排气孔的排气端应能防止强力通风，以避免在试验箱内产生强大的空气流动。目前市面上使用的盐雾试验箱采用的加热方式主要有两种：蒸汽加热和加热板加热（空气加热）。

试验样品的处理应尽量少，特别是对于重要表面，并应在试验准备工作完成后立即进行暴露。除非另有规定，应彻底清除无保护层金属或涂有金属保护层设备的表面油污和油脂，直到表面不再形成水珠为止。清洗方法应不包括使用腐蚀剂或保护膜，除纯氧化镁软膏以外也不应使用其他研磨剂。带有机涂层的试验样品不能用溶剂清洗。对于试验样品与支架接触部位，以及不要求涂覆的切削加工过的边缘和表面，除非对涂保护层装置或试验样品另有规定，均应用蜡或不透湿气的类似物质加以保护。

该试验的试验方法为：

1）步骤1：将配置的盐溶液在连续24h或按试验计划规定的时间，喷入试验箱内。在整个暴露周期内，至少每间隔24h测量一次盐雾沉降率和沉降溶液的 pH 值，以保证沉降率在 1~3mL/（80cm²/h）。

2）步骤 2：试验样品在标准大气环境温度和相对湿度不大于 50% 条件下干燥 24h，在干燥期间不要触动试验样品或对其机械特性进行任何调整。

3）步骤 3：干燥结束后，除非另有规定，应将样品放回盐雾箱内并重复进行一次步骤 1 和步骤 2。

4）步骤 4：干燥结束后，启动试验样品工作，确定是否符合有关设备性能标准。之后，应检查试验样品的腐蚀情况。必要时，可用温度不高于 28℃的流动水轻轻冲洗。必须分析任何腐蚀对试验样品正常功能造成的直接或潜在影响。在进行试验试验的过程中，建议间隔更短一些，即更频繁一些。如果没有满足沉降量要求，则重复该间隔。在试验结束后系统变形不超允许公差、无壳体破裂、无机械故障、无漏液、无绝缘失效，则认为该试验达到合格标准。

5.3.3　系统电磁兼容性试验

1. 磁效应试验

本试验为确定锂电池系统的磁影响，通过测定锂电池系统与罗盘或罗盘传感器（磁通门）的最近距离，确保锂电池系统在其正常工作中不会对临近设备产生电磁干扰。具体利用一个自由磁体在强度为 14.4A/m ± 10% 的均匀水平磁场中（如地磁场）的等效偏转来确定。试验时将受试锂电池设备放置在通过磁体中心的东 - 西轴线上，用非补偿罗盘或等效的磁传感器测量偏转角。

将被测锂电池组的所有电缆和可延伸的电源电缆捆成一束，并使该电缆束沿着罗盘的东 - 西轴线放置，试验方法为：

1）如果没有被测锂电池组时试验室所处位置的 HCAFS（地球产生的环境磁场强度的水平分量）未知，应首先用磁力计测量 HCAFS 值。

2）如果 HCAFS 在 14.4A/m ± 10% 范围内，则设备类别的等效偏转角 D_c=1°。

如果 HCAFS 不在所述容差范围内，将测到的 HCAFS 使用以下公式进行修正：

$$D_c = \frac{14.4A/m}{环境场强的水平分量}$$

3）将被测锂电池组电缆放置在通过磁体中心的东 - 西轴线上。

4）启动被测锂电池组，选择能产生最大磁偏转角的 EUT 稳态工作模式。

5）保持被测锂电池组电缆在通过磁体中心的东 - 西轴线上不变，选择产生最大磁偏转的被测锂电池组朝向。

6）减小被测试锂电池组和磁体之间的距离以得到 D_c。试验时如果是罗盘移向被测锂电池组而不是被测锂电池组移向罗盘，必须进行磁场均匀性试验。试验时将被测试锂电池组移出试验区域，当罗盘按照计划路径沿直线移动至 EUT 位置的过程中，罗盘的偏转应不超过 ±0.5°。

7）测量并记录磁体偏转 D_c，其轴心与被测试锂电池组部件之间的最小距离为 D。

8）利用步骤 7）中偏转 D_c 时对应地测量距离 D。

试验结果的评估：若 1.0m<D ≤3.0m，可认为该试验达到合格标准。

2. 电源输入试验

本部分规定了施加于被测锂电池交流和直流供电电源的试验条件及试验程序。

使用其它电源供电的受试设备，其设备类别和频率分类、试验条件和试验程序，都必须在设备的性能规范中规定。

试验包括供电系统正常和非正常工作两种情况。

（1）电压

1）将受试设备的输入端电压调节至最高电压，使设备在最大工作周期下工作至少 30min。在 30min 试验期间，确定与适用的设备性能规范的符合性。为同时满足正常与非正常两种工作状态，试验可在非正常电压下进行。

2）使设备在额定电压下工作至少 1min，然后将受试设备的输入端电压调节至最低电压的 +0/–1%，并使设备在最大工作周期下工作至少 30min。在 30min 试验期间，确定与适用的设备性能规范的符合性。为同时满足正常与非正常两种工作状态，试验可在非正常电压下进行。为同时满足正常、非正常和应急最低限度工作状态，试验可在应急电压下进行。

3）对设计在应急供电状态下工作的设备，使设备在额定电压下工作至少 1min，然后将设备输入端电压调节至应急电压的 +0/–1%，使设备在最大工作周期下工作至少 30min。在 30min 试验期间，确定与适用的设备性能规范的符合性。

在确定已符合有关设备的性能规范后，切断 270V 电源，确认电压是否已跌落到安全电压，然后以它的负线为参考大地，恢复到 270V 电源。

（2）瞬时电源中断

使设备在其设计电压下工作，对于所有类别的设备，中断电源至少 5 次，每次中断时间为 50ms。在系统完全稳定后，接着进行第 2 次试验。在每次试验的试验中和试验后，对被测试锂电池的性能进行监测。确定与适用的设备性能规范的符合性。除非设备性能规范中有规定，否则不允许人工复位。

（3）正常浪涌电压

正常浪涌是供电系统的固有调节所引起的可控的稳态电压变化，该固有调节是供电系统对正常系统运行所形成扰动的响应。

1）使受试设备在设备端直流 28V 电压下工作 5min，然后按以下的电压要求循环三次：将直流电压增大至 47V-0/+2V，保持 5ms；再降低至 40V-0/+2V，保持 30ms。从一个电平上升至另一电平的时间应在 1ms 内，从一个电平下降至另一电平的时间应在 5ms 内。在第一次和第二次浪涌电压之间不返回到额定电压。

将电压减小至 17V-0.7/+0V，保持 30ms；从一个电平变化至另一电平的时间应在 1ms 内。在被测试锂电池的电源输入端测量到的浪涌电压应符合要求，对浪涌电流不作要求。

2）监测电压浪涌。

3）在正常供电系统浪涌期间，确定与适用的设备性能规范的符合性。

注：除非在设备性能规范中有说明规定，在施加浪涌期间，允许设备性能降低，但当恢复到正常额定电压时，设备必须满足规定的性能要求。

4）在施加电压浪涌后，确定与适用的设备性能规范的符合性。

（4）非正常工作条件 - 电压稳态

1）将受试设备的输入端电压调节至最高电压，使设备工作至少 5min。使受试设备处于工作状态，将输入电压降至额定电压，并确定与适用的设备性能规范的符合性。

2）使设备在额定电压下工作至少 1min，然后将受试设备的输入端电压调节至最低电压的 +0/–1%，并使设备工作至少 5min。使受试设备处于工作状态，将输入电压降至额定电压，并确定与适用的设备性能规范的符合性。

（5）低电压条件

非正常条件下可能会出现 0 到适当的最小电压的电压值，持续时间可达

10min。

使设备在额定电压下工作至少 1min，然后调节输入电源电压至正常工作电压的最小值，使设备工作至少 1min。使受试设备处于工作状态，用至少 10min 的时间，线性地降低输入电源电压 0V。在受试设备连接状态下，调节设备的输入电源电压至额定电压，确定与适用的设备性能规范的符合性。如果使用离散的步进线性地将输入端电压降至 0V，则每个步进应小于 0.25V，且每一步的最小驻留时间应为 600s 除以步进数。

（6）瞬时欠压

瞬时欠压是指供电电压可能会出现低于正常电压的瞬时变化，持续时间可达 7s。

设备经受此条件试验后，当电压恢复至正常工作电压范围时，应工作在适用的设备性能规范要求之内。使设备在额定电压下工作，将直流输入电压降至 12.0V±0.24V，持续 7s。设备保持通电状态，调节输入直流电压至额定电压，确定与适用的设备性能规范的符合性。

（7）非正常浪涌电压

非正常浪涌是指由供电系统的固有调节和调节器矫正动作（如在清除故障期间）引起的可控的稳态电压变化。

使被测试锂电池在适用的正常电压下工作，对电源输入端正极施加 60V-0/+3V 直流浪涌电压，持续 100ms；除非设备规范另有规定，然后将直流电压降到 40V-0/+2V，持续 1s。从一个电平上升至另一电平的时间应在 1ms 内，从一个电平下降至另一电平的时间应在 5ms 内。在第一次和第二次浪涌电压之间不返回到正常工作电压。施加和监测电压浪涌时，施加浪涌电压三次，每次时间间隔为 10s。试验后，确定与适用的设备性能规范的符合性。

在被测试锂电池的电源输入端测量到的浪涌电压应符合要求，对浪涌电流不做要求。

试验结果的评估：

1）非正常工作条件 - 电压、瞬时电源中断、正常浪涌电压、发动机启动欠压和非正常工作条件 - 低电压条件、瞬时欠压、非正常浪涌电压试验过程中允许被试品性能参数超差。但试验后，被试品应能够自动恢复至正常工作状态。

2）正常工作条件 - 电压、脉动电压和非正常工作条件 - 电压稳态试验过程中及试验后，被试品均应保持正常工作状态，

3. 电压尖峰试验

本试验目的为确定锂电池组是否能够承受来自其交流或直流电源线上电压尖峰的影响。

预期产生的主要有害影响有：

1）永久性损坏，元器件失效，绝缘击穿。

2）敏感性下降或设备性能改变。

该试验的试验方法为：

使受试设备在其设计电压下工作，向每个主电源的输入端施加一系列如前文图 5-7 所示的正、负尖峰信号。对于由同一汇流条提供多种电源供电的情况，所有连接的电源线试验应同时进行。在 1min 内施加至少 50 次正极性瞬态信号，然后在 1min 内施加至少 50 次负极性瞬态信号。施加正极性和负极性瞬态的间隔时间与试验目无关，可由试验人员决定。对受试设备的每个工作模式或功能重复上述试验。

试验结果的评估：施加电压尖峰后，确定是否符合电池组性能规范的要求，试验过程中允许被试品性能参数超差，短暂 CAN（控制器局域网络）通信信号丢失等现象。但试验后，被试品应能够自动恢复至正常工作状态。

4. 音频传导敏感性试验

本试验用于确定锂电池组安装在飞机上时，能否耐受通常与电源基波频率相关的预期幅度的谐波频率分量。

该试验的试验方法为：

1）按前文图 5-5 音频传导敏感性试验配置图连接受试锂电池组。锂电池组工作时，在每一根不接地的直流电源输入线上依次串连施加一个正弦音频信号。保持如图 5-15 所示规定的信号峰 - 峰值，同时改变施加音频信号频率，并按规定的扫频速率进行扫频，确保试验过程中及试验后，被试品均应保持正常工作状态定与适用的设备性能规范的符合性。按照规定的扫频速率及受试设备所有工作模式，重复该试验。

2）对于 270V 的锂电池设备，按音频传导敏感性试验配置图连接受试设备，并将其负线接地。受试设备工作时，在每一根不接地的正极性直流电源输入线

上依次地串连施加一个正弦音频信号。除非设备性能规范另有规定，试验中应将负线接大地。保持图 5-15 中规定的信号峰 - 峰值，同时改变施加音频信号频率，并按规定的扫频速率进行扫频，确定与适用的设备性能规范的符合性。按照规定扫频速率及受试设备所有工作模式，重复该试验。

3）对于 270V 的锂电池设备，按音频传导敏感性试验连接受试设备，对所有 270V 直流设备在所要求频段上施加共模脉动电压。注意负线通过耦合变压器接大地。共模测试电平为图 5-15 所示差模测试电平的两倍。按规定扫频速率规定的速率进行扫频，并确定与适用的设备性能规范的符合性。按照规定扫频速率及受试设备所有工作模式，重复该试验。

若试验过程中及试验后，受试锂电池组均保持正常工作状态，则可认为其达到合格标准。

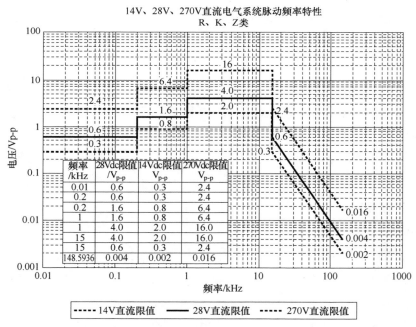

图 5-15 28V 和 270V 直流电气系统脉动频率特性

注意，对于直流电源：$C \geqslant 100\mu F$；对于交流电源：$C \geqslant 8\mu F$；选用的直流隔离网络（CN 和 RN）应不影响需要的试验电平。可选用的电流监控器测量音频电流的交流分量，不是受试锂电池的电流。

针对扫频速率，对于产生离散频率的试验设备，每十倍频程的试验频率点数至少 30 个。试验频率点应按对数排列。例如，用来按升序计算每十倍频程 30 个频率点的公式是：

$$f_{n+1} = f_1 \times 10^{(n/30)} \pm 1\%$$

式中，f_n 为试验频率，$n=1\sim m$；f_1 为起始频率；f_m 为终止频率；$m=1+30\times\lg(f_m/f_1)$。

不包括试验设备设置所占用的时间，每个试验频率点的驻留时间应至少 1min。如果最后一步计算所得的试验频率 f_{n+1} 高于 f_m，则最大试验频率取 f_m。

对于产生连续线性频率扫描的试验设备，最小扫频速率（即最快）应为每十倍频程的离散频率点数乘以 2 倍的驻留时间。即每十倍频程 30 个离散频率点乘 2 再乘 1min 驻留时间，等于每十倍频程 60min 的扫频速率。

应对受试设备从主电源上获得最大稳态电流和最小稳态电流时的工作模式进行试验。如果最大稳态电流与最小稳态电流之比是 2∶1 或更小，则只需要对受试设备获得最大稳态电流时的工作模式进行试验。

5. 感应信号敏感性试验

本试验主要用于确定锂电池组互连电路能否承受安装环境所产生的感应电压电平。本部分主要涉及的干扰信号包括由机上其它设备或系统产生并通过互连线路耦合到受试设备内部敏感电路的电源频率及其谐波、音频信号以及电瞬态信号。该试验的试验方法：按照 RTCA/DO-160G 中第 19 章要求的试验方法进行，试验项目内容具体应包括对锂电池设备的感应磁场试验、对锂电池设备的感应电场试验、对互连电缆的感应磁场试验、对互连电缆的感应电场试验、对互连电缆的感应尖峰试验，试验项目具体方法参见 5.2.7 节内容。

试验结果的评估：试验过程中允许被测试锂电池性能参数超差，但试验后，被测试锂电池应能够自动恢复至正常工作状态，则可认为该试验达到合格标准。

6. 射频敏感性试验

本试验用于确定锂电池组及其互连线缆暴露于由射频场辐射的或通过注入探头感应到电源线和接口电路引线所形成的射频调制功率电平时，是否可以在其性能规范内正常工作。试验项目主要包括传导敏感性（CS）试验、辐射敏感性（RS）试验，试验项目具体方法参见 5.2.5 节内容。

试验过程中允许被测试设备性能参数超差，但试验后，被测试设备应能够自动恢复至正常工作状态，则可认为该试验达到合格标准。

7. 射频能量发射试验

本试验用于确定锂电池组发射的射频干扰噪声不超过本部分规定的电平。辐射发射极限上的凹口是为了保护飞机上该工作频率的射频敏感器件。

（1）射频传导发射

传导发射测量频率范围为 150~152MHz。应使用卡钳式干扰测量装置来测量设备产生的干扰电流。

1）在该频率范围内，任何与飞机汇流条连接的被测试锂电池电源线上的发射电平不应超出图 5-16 中规定的 M 类设备的限值。其中，频率 <2MHz，斜率 =−29.335，截距 =28.83。

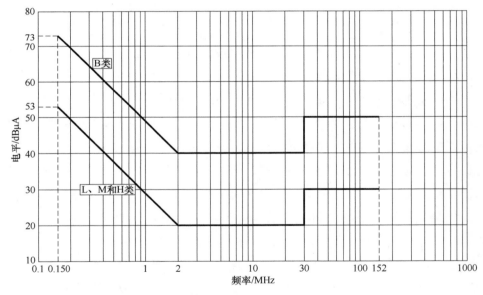

图 5-16　最大射频传导干扰电平—电源线

2）在该频率范围内，被测试锂电池任何互连电缆束上的发射电平不应超出图 5-17 中规定的 M 类设备限值。主电源线不视为互连电缆束。处于非发射或接收工作模式的天线馈电电缆可视为互连电缆。

3）进行电流探头的测试布置。

4）电流探头安装在距离被测试锂电池 5cm 处。如果被测试锂电池连接器和基座的总长度超过 5cm，监测探头应该尽量靠近机箱连接器的基座，并记录探头位置。

5）测量并记录被测试锂电池的发射电平，并使用图 5-16、图 5-17 中规定的适用限值。

图 5-16 中曲线定义：极限电平 = 斜率 ×lg（频率，MHz）+ 截距。频率 < 2MHz，斜率 =-29.335，截距 = 28.83。

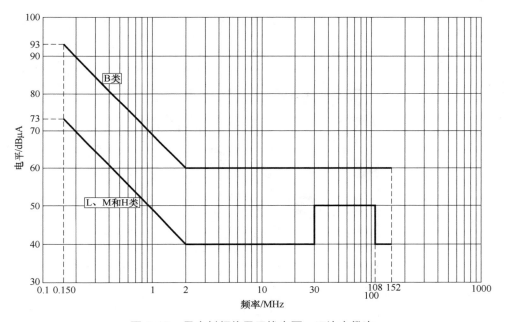

图 5-17　最大射频传导干扰电平—互连电缆束

图 5-17 中，频率 <2MHz，斜率 =-29.335，截距 =48.83。

（2）射频辐射发射

辐射发射测量频率范围为 100~6000MHz。

1）射频辐射发射试验设备的典型布置如图 5-18 所示。

2）在该频率范围内，从设备的任何装置、电缆或互连线中辐射出的辐射干扰场不应超出图 5-19 中适用类别的限值。

3）通过使用适当的天线，并将相应的天线系数与测量电压（dBμV）相加，从而得到测量场强。同时，还必须加上电缆损耗和匹配网络的校准系数。

4）辐射测试必须使用线极化天线。辐射发射测量应使用垂直和水平两个极化方向。

5）直接将被测试锂电池组的开口暴露于接收天线前，这可能需要增加被测试锂电池组方向或接收天线的位置。如果未将被测试锂电池的所有开口暴露于接收天线之前，必须在试验报告中给出合理的理由。

6）应考虑被测试锂电池组产生最大发射的实际工作模式。

7）如果被测试锂电池组的发射值大于所选类别限值以下 3dB 的值，则需提供辐射环境电平数据。

8）应在进行辐射发射测试前检查环境辐射发射电平，要求环境发射电平至少应比所选限值低 6dB。

9）测量并记被测试锂电池组的发射电平，并使用图 5-19 中所示的适用限值。

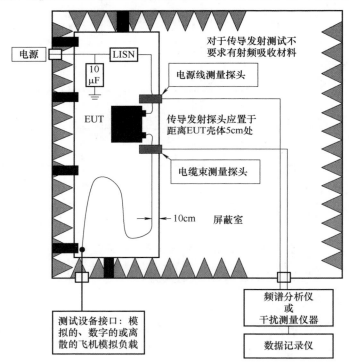

图 5-18　射频传导干扰测试配置

8. 静电放电试验

静电放电试验用于测验锂电池组的抗扰性，即锂电池组在执行预期功能时不会因空气释放的静电脉冲而产生永久性性能降级的能力。静电放电的抗扰性应该取决被测试锂电池承受一系列直接作用于被测试锂电池与人体接触的指定位置,幅度为 15kV 的静电脉冲的能力。在每一个所选位置上所施加的正电压和负电压脉冲数量应分别为 10 次(10 次正极和 10 次负极)。静电放电试验配置如图 5-20 所示。

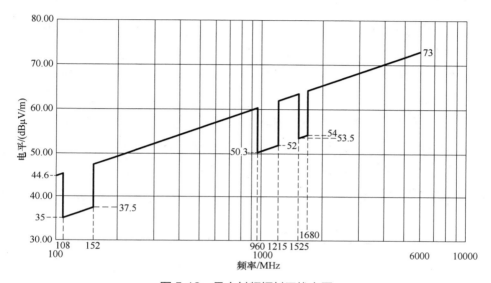

图 5-19 最大射频辐射干扰电平

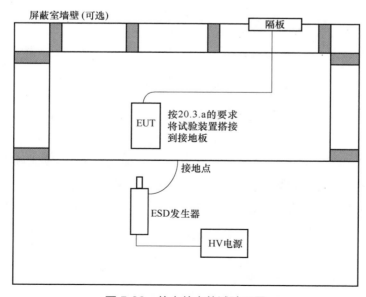

图 5-20 静电放电的试验配置

设备上电并运行在所需工作模式下，静电放电试验将按照以下方法进行。

（1）试验配置

被测试锂电池应按照通用试验要求所述进行安装。根据相应的安装和接口控制图或图表连接和放置设备。应特别注意与静电放电（ESD）发生器相连电缆的布线和接地，以减小电缆辐射场产生潜在的二次影响。本试验的目的是测试 ESD 发生器对受试设备外壳放电所产生的主要影响，这包括设备安装、搭接和接地的一般方法。

1）静电放电（ESD）发生器。ESD 发生器的简易原理图如图 5-21 所示，包括一个 330Ω（±20%）的放电电阻器和一个 150pF（±20%）的储能电容器，并且应该能够生成 15kV 电压的正、负极性脉冲。ESD 发生器应具有空气放电端。ESD 须校准输出的正负极性的 15kV（+10%，−0%）脉冲峰值，并应记录输出此脉冲时 ESD 发生器的设置。

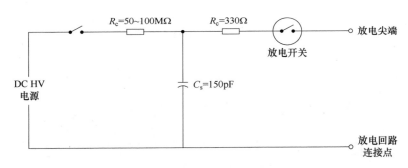

图 5-21　静电放电（ESD）发生器的简易原理图

2）试验模式。试验模式应包括软件可选的被测试锂电池所有的正常工作模式。

3）脉冲施加。ESD 放电仅用于正常操作（包括实际飞机安装和维护）过程中，人员能够触及的被测试锂电池上的点和面。将 ESD 发生器设在校准过程所记录的数值上，并且保持 ESD 发生器垂直于施加放电的表面。发生器的放电回路电缆应通过接地平板接地并与被测试锂电池及其电缆保持至少 0.2m 的距离。

（2）试验方法

以人手靠近触摸物体的速度（0.3m/s）将 ESD 发生器的放电极移向测试点，直到发生器放电或者接触到试验点。每次放电或尝试放电之后，ESD 发生器（放电电极）都应该从测试点上移开，然后发生器再充电以完成下一次放电。重复该程序，直到每一测试点上完成每个极性 10 次放电或尝试放电。在选取测试点无放电情形，尝试在测试点周围区域找出放电点，例如，尝试沿着接缝或开槽截面多点放电识别单一测试点，或者围绕按钮所有侧面放电识别单一测试点。

　　试验结果的评估：如无其它特殊规定，施加脉冲之后，确定与适用的设备性能规范的符合性，试验过程中允许被测试锂电池性能参数超差，或 CAN 通信中断等现象，但试验后，被测试锂电池应能够自动恢复至正常工作状态。

第6章

系 统 试 验

为了对电动机系统或部件所声明的环境和运行条件进行充分验证，表明这些系统或部件在所有已声明的环境和运行条件下能够可靠地完成预定功能，需要针对整个电推进系统进行系统级试验。本章将以某型号双通道电推进系统电动飞机的构型为例，对电动飞机电推进系统所开展的系统级试验进行说明。

某型号双通道电推进系统电动飞机开展了如下的系统级试验内容：

1）冷却系统试验，以表明电推进系统装置的冷却措施在最不利的地面、水面和直到申请批准的最大高度和最高外界大气温度条件下工作时，电推进装置各部件和所用液体的温度均保持在对这些部件和液体所制定的温度限制以内。

2）振动试验，以表明电推进系统部件能够实现预期的功能，不会由于振动在电推进装置的任何零件上产生过大的应力，并且不会对飞机结构施加过大的振动力。

3）耐久性试验，以表明电推进系统在150h剖面运转后系统机械性能、电气性能、冷却系统性能无明显变化。

4）地面运转试验，以表明电推进系统按照典型工作制不超限条件下的连续运行时是否满足飞行的使用需求。

5）地面操作试验，以表明电推进系统在单通道、双通道、不超限条件下的连续运行等条件下，系统性能指标是否满足设计要求及飞行剖面的使用需求，以及电推进系统单通道故障后，另外一个通道能否正常工作。

6.1 电动飞机水冷冷却系统机上地面试验

6.1.1 水冷冷却系统

电动飞机水冷冷却系统主要功能是为电推进系统中的电动机、控制器进行散热，使其工作在允许的温度范围内，主要包括水泵组、单向阀、膨胀水箱、溢流水箱、翅片散热器以及温度传感器。系统由两路循环水路构成，分别为电动机控制器循环水路及电动机循环水路，两水路共用同一膨胀水箱进水。为提高飞机安全性，冷却系统增加一组水泵作为备用水泵，两组水泵通过单向阀进行水路切换。膨胀水箱设置有两组单向阀通道，能够根据系统及外界大气压力调节冷却系统内部压力以达到安全的目的。水冷冷却系统原理图如图 6-1 所示。

冷却系统试验主要用于冷却系统的功能验证，由于飞机冷却系统具有备份水泵组，同时由于水泵组间水路存在一定的差异，因此冷却系统试验将分为水泵组 1 运行试验及水泵组 2 运行试验，其中每个水泵组要进行的试验主要有以下内容：

1）工况 1：飞机正常飞行剖面地面运行试验。

2）工况 2：飞机地面最大输入功率 120s 运行试验。

3）工况 3：飞机地面 60% 最大输入功率连续运行试验。

4）工况 4：飞机地面 50% 最大输入功率连续运行试验。

5）工况 5：飞机地面 40% 最大输入功率连续运行试验。

其中飞机正常飞行剖面如图 6-2 所示。

6.1.2 试验步骤

（1）试验前准备

冷却系统试验前准备按如下步骤进行。

1）将大气温度计提前 10min 放入试验场地测量环境温度。

2）采用轮挡、系留、驻留刹车等方式将飞机前进方向完全约束。

3）试验前用标贴标记溢流水箱水位，测量水位至水箱底部外表面距离。

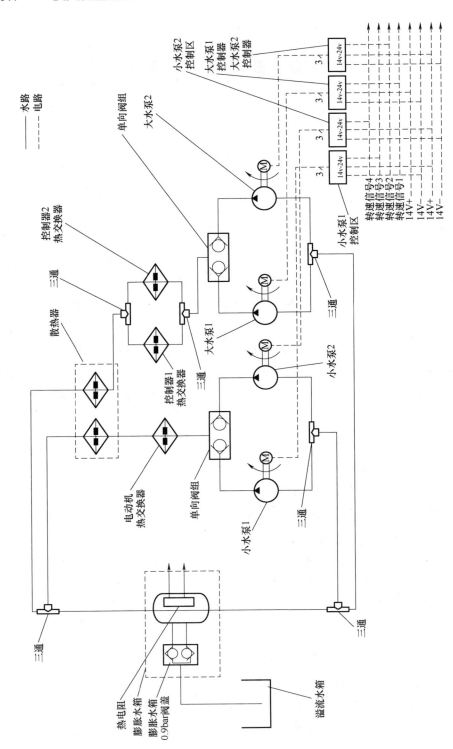

图 6-1　水冷冷却系统原理图

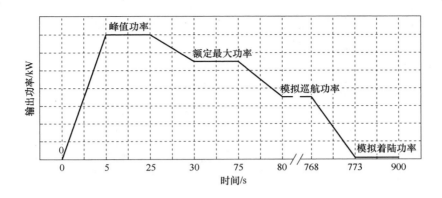

图6-2　飞机正常飞行剖面

4）接通飞机前后电池组电源及通信线缆。

5）依次启动操作面板上"总开关""主电源""航电""动力""液冷"开关，并通过水泵运转声音及动力显控仪表指示确定水冷系统运转正常。

6）切换"液冷泵开关"至"液冷泵组1"及"液冷泵组2"读取水泵转速信息。

7）记录大气环境温度、电动机初始温度、控制器初始温度、冷却液初始温度、电池组初始温度。

8）依次关闭操作面板上"液冷""动力""航电""主电源""总开关"开关，准备进行正式试验。

9）确认本次试验项目类别。

（2）正式试验

冷却系统正式试验按如下步骤进行：

1）依次启动操作面板上"总开关""主电源""航电""动力""液冷""电机启动"开关启动飞机运转，飞机保持怠速运转60s，然后打开动力综合显控仪表进行计时。

2）推动飞机功率调节手柄按试验项目运行要求进行测试，其中工况1试验项目按图6-2操作，工况2试验项目按图6-3曲线进行操作，工况3、4、5、6试验项目按图6-4曲线进行操作。试验应保证测试输入功率点误差在±2%内。所有曲线中从一种功率变化到另一种功率时功率调节手柄操作时间不得小于5s，工况3、4、5、6试验项目如果温度变化率小于1℃/8min视为温度平衡。

3）依次关闭操作面板上"电机启动""液冷""动力""航电""主电源""总开关"开关，结束单次试验。

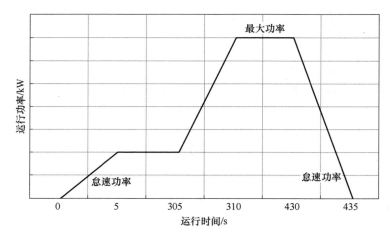

图 6-3 工况 2 试验项目运行曲线

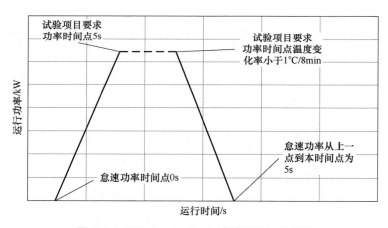

图 6-4 工况 3、4、5、6 试验项目运行曲线

（3）试验后处理

完成单次试验后需进行如下后处理工作：

1）下载动力显控仪表试验数据。

2）断开电池组强、弱电连接插头。

3）打开动力舱盖对冷却系统进行目视检查，同时用标贴标记溢流水箱水

位，测量水位至水箱底部外表面距离并记录。

6.1.3　试验判据

冷却系统试验合格判据如下：

1）冷却系统在任何试验项目情况下无漏液现象，组成各部件无失效现象。

2）工况 1 试验项目任一水泵组工作工况下，电动机、控制器、冷却液温度不超出各部件温度限制。

3）工况 2 试验项目任一水泵组工作工况下，电动机、控制器、冷却液温度在 120s 内不超出各部件温度限制值。

4）工况 3、4、5、6 试验项目任一水泵组工作工况下，电动机、控制器、冷却液温度能够达到温度平衡（温度变化率小于 1℃/8min），不超出各部件温度限制值。

6.2　电推进系统振动试验

系统振动试验是电动飞机电推进系统审定的重要内容之一，主要测试电推进系统自身引起的振动对电推进系统及飞机结构的影响。

6.2.1　试验依据

正常类飞机适航规定（CCAR-23-R4）中第 23.2700 条规定：安装在电动飞机上的电推进系统，应当按照局方接受的标准，随飞机型号合格证获得批准。该标准包含的适航准则，应当适用于该电推进系统特定设计和预期用途，并达到局方可接受的安全水平。

6.2.2　试验构型及要求

电推进系统的振动主要由电动机驱动螺旋桨旋转产生，因此该试验的受试件为电动机和螺旋桨，主要测试电推进系统的电动机、电动机安装架及电动机安装架与一框连接处的振动速度值，试验时要求电推进系统所有设备正常工作，锂电池 1、2 的 SOC 均不小于 70%，保证电动机和螺旋桨转速能够达到所有转速测试点。

6.2.3 试验结果合格判据

电推进系统在整个测试过程中每个转速点最大振动速度值不大于 0.4IPS（in/s），测试过程中电推进系统运行正常、稳定，飞机振动平稳，不对机上测试人员造成不适感。

6.2.4 试验方法

1）使用动平衡仪，对电推进系统运行全转速范围下每个测试点进行振动测试。

2）通过动力综合显控仪表观察动力系统运行情况，对测试点振动速度数据进行记录。

3）对测点振动速度记录数据与试验合格判据进行比对。

6.3 电推进系统耐久性试验

电推进系统耐久性试验需要证明经过全部周期运转后，试验过程中电推进系统参试部件全程无任何故障与损伤，且 150h 剖面运转后机械性能、电气性能未发生明显变化。通过试验可以明确表明该型电动飞机电推进系统在 150h 剖面运转后，振动特性未对电动飞机造成不利于安全的影响。

6.3.1 试验项目

试验运行剖面如图 6-5 所示，单周期需 15min，其中包括：最大输入功率运行 25s 仿真飞机滑跑起飞工况；额定最大连续功率运行 50s 仿真飞机起飞后爬升工况；50% 最大输入功率运行 693s 仿真飞机巡航工况；2kW 输入功率运行 132s 仿真飞机下降着陆工况。整个耐久性试验总运行循环为 600 个运行剖面循环，运行总时长不小于 150h。试验每运行 32 个剖面循环进行一次系统外观及安装检查，并做记录，检查确认完好后方可继续进行试验。

为验证电推进系统振动的符合性，分析电推进系统设计及安装不会使其与飞机结构产生过大振动，设计系统耐久性试验内容设计包括：电动机空载振动标定试验、电动机径向跳动标定试验、电动机端面跳动标定试验、电动机端面距离标定试验。

序号	模拟状态	输入功率	持续时间
1	起飞	140kW	25s
2	爬升	110kW	50s
3	巡航	70kW	693s
4	下降	2kW	132s

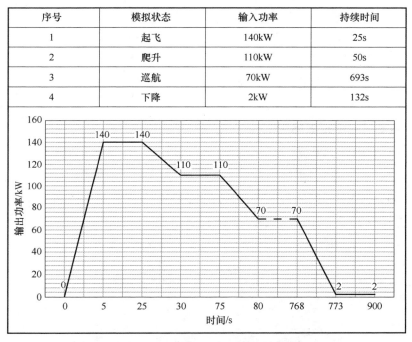

图 6-5　系统耐久性试验运行剖面

1. 电动机空载振动标定试验

电动机空载振动标定在四座带载试验台上进行。标定应保证四座带载试验台上的电动机安装部件及安装结构形式的一致性，且保证四座电动机前端不安装法兰盘。振动测试仪传感器采用 1 个三向加速度传感器，安装位置如图 6-6a 所示，振动测试仪分别测试转速 1500rpm、2000rpm、2700rpm 时的数据值，并对结果进行频域分析，以此检验电动机耐久试验前后是否由于机械损伤或磁路改变而引起振动频谱成分发生变化。

2. 电动机径向跳动标定试验

将电动机装夹在带载试验台上，然后用固定的百分表架上的百分表进行测量。测量过程为手动转动电动机读取百分表跳动数据并记录。电动机径向跳动测量位置共有 2 处，参照图 6-6b 所示位置进行测量。测量示意图只给出大概测量位置，测量时应将具体电动机轴向定位位置标记出并记录，测量后将结果记录并留存。

3. 电动机端面跳动标定试验

首先将电动机装夹在试验台上，然后用固定的百分表架上的百分表进行测量。测量过程为手动转动电动机读取百分表跳动数据并记录。电动机端面跳动测量位置共有 2 处，参照图 6-6c 所示位置进行测量。测量示意图只给出大概测量位置，测量时应将具体电动机径向定位位置标记出并记录，测量后将结果记录并留存。

4. 电动机端面距离标定试验

电动机端面距离标定在三坐标测量仪上进行。首先将电动机以前部安装端面为定位基准平放在三坐标测量平台上，而后用三坐标仪器测量探头测量电机后部端面到前部端面的距离。电动机端面距离测量位置共有 3 处，参照图 6-6d 所示位置进行测量。测量示意图只给出大概测量位置，测量时应将具体电动机径向定位位置标记出并记录，测量后将结果记录并留存。

a) 空载振动标定试验

b) 径向跳动标定试验

c) 端面跳动标定试验

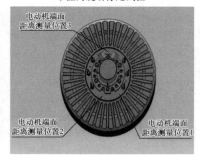

d) 端面距离标定试验

图 6-6　振动耐久性试验测点

6.3.2　试验合格判据

耐久性试验完成规定的运行剖面次数后，依据以下几条判据标准进行试验合格性判断：

1）电推进系统按正常启动流程启动能够正常运转且控制器无报故障现象。

2）各部件电气接口牢固且功能正常。

3）水冷系统功能正常。

4）功率调节器及动力综合显控仪表功能正常。

5）电动机、控制器无明显机械性损伤或变形。

6.4　电推进系统地面运转试验

6.4.1　试验内容及工况

电动飞机电推进系统地面运转试验包括连续运行试验及低温启动试验两项。试验要求在全状态的某型四座电动飞机上进行，测试电推进系统按照电推进系统典型工作制不超限条件下的连续运行状态，以及验证电推进系统是否满足飞行的使用需求，并且验证低温环境下电推进系统是否能够启动运行。试验电池组初始 SOC 值应不低于 95%，低温启动试验环境温度要求为 –20℃ ±10℃。正常使用温度范围：–20℃ ~+10℃。根据整机技术要求并考虑受环境、负载、螺旋桨限制等因素影响。

结合整机飞行性能要求，设计该试验循环运行剖面如图 6-7 所示，此运行剖面单周期共计 15min，其中包括：最大输入功率运行 25s 仿真飞机滑跑起飞工况；额定最大连续功率输入功率运行 50s 仿真飞机起飞后爬升工况；50% 最大输入功率运行 693s 仿真飞机巡航工况；2kW 输入功率运行 132s 仿真飞机下降着陆工况。运行剖面大于飞机实际飞行功率需求，能够满足飞机正常使用工况对电推进系统的运转要求。设计连续运行试验累计运行两个剖面，试验环境温度为 –20℃ ~40℃。低温启动试验运行一个剖面，试验环境在 –20℃ ± 10℃条件进行。

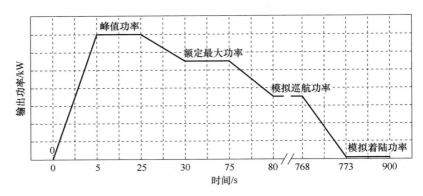

图 6-7   电推进系统典型工作曲线

6.4.2   试验过程

由于试验两个项目运行剖面一致，在试验过程中，经测量试验现场环境温度为 −19℃，符合两试验项目的温度要求，因此将两试验项目合并进行。具体试验过程如下：

1）将充满电、初始 SOC 值均不低于 95% 的锂电池组 1、2（两组电池组 SOC 差值不超过 5%）装配到飞机上，连接好与锂电池组相关的动力线束。

2）确认电推进系统各断路器均处于接通状态。依次接通总开关、主电源开关、动力开关、液冷开关、电机启动开关，此时仪表显示电推进系统各功能状态正常，螺旋桨开始转动，转速稳定，记录此时电推进系统各项数据，即试验前项目数据。

3）待飞机怠速状态下运行稳定后，观察动力综合显控仪表上的功率，按照图 6-7 所示的电推进系统典型运行剖面，操纵油门杆，进行 2 次电推进系统典型运行剖面连续循环运行试验，在操作过程中观测电推进系统运行状态，记录电推进系统的功率、转速及各设备温度等数据。注意若电池温度超过 60℃、控制器温度超过 80℃、电机温度超过 120℃任一超温发生时，停止试验。

4）按照与上述完全相反的顺序断开各开关。

6.4.3   试验合格判据

为验证电推进系统的运行状态，记录每一个模拟飞行阶段的转速、电池输出功率，记录每一个模拟飞行阶段开始及结束完成后的转速，前、后锂电池组温度，控制器1、2温度，电动机1、2温度，冷却系统温度，前、后锂电池组的输出电压及剩余 SOC 等数据。试验合格判据具体如下。

1. 连续运行试验合格判据

同时满足以下条件视为连续运行试验合格：

1）首个运行剖面油门杆最大状态下电池总功率。

2）2 个工作制运行试验中，电推进系统工作正常，动力综合显控仪表各项状态指示及数据正常，动力综合显控仪表上相应通道电推进系统各状态指示灯未出现红灯及故障提示，无异常情况发生。

3）两通道在各工况阶段下的功率差不高于 10kW。

4）试验结束后，两组电池组 SOC 差不超过 10%，电池温度未超过 60℃，控制器温度未超过 80℃，电机温度未超过 120℃。

2. 低温启动试验合格判据：同时满足以下条件视为该项试验合格

1）在 −20℃ ±10℃环境条件下电推进系统启动运行正常，试验中电推进系统工作正常。

2）动力综合显控仪表未出现花屏、黑屏等显示故障，动力综合显控仪表各项状态指示及数据正常，动力综合显控仪表上相应通道电推进系统各状态指示灯未出现红灯及故障提示，无异常情况发生。

3）两通道在各工况阶段下的功率差不高于 10kW。

4）试验结束后，两组电池组 SOC 差不超过 10%，电池温度未超过 60℃，控制器温度未超过 80℃，电机温度未超过 120℃。

6.5 电推进系统地面操作试验

6.5.1 试验项目

地面操作试验包括单通道性能试验、双通道性能试验、连续运行试验以及单通道故障试验，以验证电推进系统在单通道、双通道、不超限连续运行等条件下，系统性能指标是否满足设计要求及飞行剖面的使用需求，以及验证电推进系统单通道故障后，另外一个通道能否正常工作。

6.5.2 试验方法

1. 单通道性能试验

将高压直流地面电源线束连接到试验台上。打开高压直流地面电源，依次接通 14V 电源开关、24V 电源开关、仪表开关、控制器 1 电源开关、冷却系统开关。启动高压直流地面电源、电动机 1 启动开关。打开控制器 1 上位机界面，观察控制器的输出电流，操纵油门杆，依次使电推进系统分别在 500rpm 至最大转速下进行工作。记录电推进系统相关数据。将油门拉到最低，按与上电时完全相反的顺序依次断开各开关。然后按照前述步骤对电推进系统 2 通道进行性能测试。

2. 双通道性能试验

将高压直流地面电源线束连接到试验台上。打开高压直流地面电源，依次接通 14V 电源开关、24V 电源开关、仪表开关、控制器 1 电源开关、控制器 2 电源开关、冷却系统开关。启动高压直流地面电源，接通电动机 1 启动开关、电动机 2 启动开关。打开控制器 1、控制器 2 上位机界面，观察控制器的输出电流，依次使电推进系统分别在 750rpm 至最大转速下进行工作。记录动力系统相关数据。最后将油门拉到最低，按与上电时完全相反的顺序依次断开各开关。

3. 连续运行试验

将高压直流地面电源线束连接到试验台上。打开高压直流地面电源，依次接通 14V 电源开关、24V 电源开关、仪表开关、控制器 1 电源开关、控制器 2 电源开关、冷却系统开关。接通高压直流地面电源，接通电动机 1 启动开关、电动机 2 启动开关。按照前文所示电推进系统典型工况，操纵油门杆，进行 8 次工况剖面连续循环试验。

4. 单通道故障试验

将高压直流地面电源线束连接到试验台上。打开高压直流地面电源，依次接通 14V 电源开关、24V 电源开关、仪表开关、控制器 1 电源开关、控制器 2 电源开关、冷却系统开关。通过控制台启动高压直流地面电源、控制器 1 启动开关、控制器 2 启动开关。本项试验分别在转速 1000rpm 至 2450rpm 下进行试验测试。操纵油门杆，使电推进系统在规定的转速下进行工作。断开控制器 1 启动开关，观察电推进系统转速变化情况及各设备工作情况。最后将油门拉到最低，按与上电时完全相反的顺序依次断开各开关。

试验过程中记录室温，在每个实际转速下，通过控制器上位机界面记录控制器输出电流、控制器数字转矩值（0xa0），通过试验台记录高压直流输出电压、高压直流输出电流、控制器输出交流电压（UUV）、电流（U相）、电动机输出转矩、螺旋桨静拉力。计算电推进系统单通道工作时各转速点下的输入功率、电动机输出功率。

6.5.3 合格判据

各项试验满足下述条件则视为合格。

1. 单通道性能试验

电推进系统单通道最大功率满足要求，且系统运行正常，无停机、过流及过压等异常情况发生。

2. 双通道性能试验

电推进系统在1800rpm至最大转速时，电动机输出转矩与系统输入转矩误差≤±5%，且电推进系统双通道运行正常，无停机、过流及过压等异常情况发生。

3. 连续运行试验

8个工况剖面试验中，电推进系统双通道运行正常，控制器温度未超过80℃、电动机温度未超过120℃，无停机、过流及过压等异常情况发生。

4. 单通道故障试验

电推进系统除报控制器1电源、状态及通信故障（动力综合显控仪表的电源、状态及通信指示灯红闪）外，不应报其他故障，电推进系统通道2应能正常工作，不应出现其他异常情况。

第 7 章

新能源电动飞机技术发展趋势

随着全球气候变化和环境问题的日益严峻，航空业作为碳排放的来源之一，正面临着减少碳排放的巨大挑战和转型压力。在这一背景下，传统的燃油发动机飞机在能效和环境可持续性方面存在极大的局限性，而新能源飞机凭借其零排放、低噪声、高效率等优势，成为航空业绿色转型的重要方向。飞机使用的新能源主要有两种方案：

1）第一种方案是使用可持续航空燃料（Sustainable Aviation Fuel，SAF），包括生物燃料、合成燃料等，减少化石能源使用，使航空业实现碳减排。

2）第二种是开发新的推进技术，包括氢燃料电池/氢燃料涡轮推进、电推进/混合电推进等方式，消除或减少飞机造成的二氧化碳排放。

新能源电动飞机作为未来航空业的重要发展方向之一，其最具创新特点、有别于传统飞机的核心系统——电推进系统技术的革新与进步，无疑将引领整个行业向着更为绿色、高效、智能的未来迈进。近年来，得益于锂电池、新能源汽车及轨道交通等行业相关技术的快速发展，新能源飞机及其电推进系统的研究与发展取得了一定的成绩与进步。

但随着新能源电动飞机种类的不断增多及性能的不断提升，对新能源电动飞机及其电推进系统也提出了新的挑战。受传统飞机研制的潜在影响，新能源飞机仍处于发展阶段，受限于受众范围、公众认知度、生活贴近度、应用领域、市场影响力、研发投入等多方面的因素，加之相应适航标准与规章并不完善，电动飞机绿色疲劳设计理念、虚拟试验、数字孪生系统和新材料、新工艺的结构完整性设计等理论与方法研究薄弱。电动飞机高升阻比气动布局创新设计、高能量密度动力电池、高效率电推进系统、能量综合管理等关键技术创新能力不强，动力电池能量密度、可靠性、稳定性及寿命的保持，以及电力系统架构能力提升等方面具有诸多关键性制约。电推进系统在飞机的应用方面缺乏有针对性的开发与研制，基础研究与创新能力弱，难以形成较强的体系化研发能力，也会造成一系列关键性瓶颈制约。电推进系统主要使用设备仍为新能源汽车、轨道交通等发展较快领域的成熟产品，其设计理念与技术研发目前仍主要集中在以上领域产品与设备基础上进行的适应通航使用的适应性开发与匹配。以上问题亟待在未来发展中给予解决。

7.1　新能源电动飞机及其电推进系统发展简述

"十四五"以来，民航局出台《"十四五"民航绿色发展专项规划》，明确了"十四五"时期民航绿色发展的目标要求和主要任务，内容涉及：从"节能减排"转变为"绿色发展"；出台《"十四五"民用航空发展规划》，提出未来将完善民航参与碳市场相关政策标准，设计基于市场的运输航空飞行碳减排机制；出台《关于"十四五"期间深化民航改革工作的意见》，提出将在空域优化与改革、政府资源调配、法律法规制定、新技术应用和绿色民航机制等方面促进航空业绿色转型。至此，民航局出台的系列政策文件，为电动飞机发展提供了强有力的政策支持。

为抢抓航空动力变革机遇，加快培育航空产业新业态，工业和信息化部、科学技术部、财政部、中国民用航空局四部门联合印发《绿色航空制造业发展纲要（2023—2035年)》(以下简称《纲要》)，提出到2035年新能源航空器成为发展主流。

《纲要》提出了2025年和2035年"两步走"目标。其中到2025年，国产民用飞机节能、减排、降噪性能进一步提高，航空绿色制造水平全面提升，绿色航空产业发展取得阶段性成果，安全有效的保障体系基本建成；使用可持续航空燃料的国产民用飞机实现示范应用，电动通航飞机投入商业应用，电动垂直起降航空器（electric Vertical Take-off and Landing，eVTOL）实现试点运行，氢能源飞机关键技术完成可行性验证，绿色航空基础设施不断夯实，形成一批标准规范和技术公共服务平台，有效支撑绿色航空生产体系、运营体系建设。

到2035年，建成具有完整性、先进性、安全性的绿色航空制造体系，新能源航空器成为发展主流，国产民用大飞机安全性、环保性、经济性、舒适性达到世界一流水平，以无人化、电动化、智能化为技术特征的新型通用航空装备实现商业化、规模化应用。

《纲要》提出，坚持多技术路线并举，积极探索绿色航空新领域新赛道。按照技术成熟度，稳步推进技术攻关，"十四五"期间，小型航空器以电动为主攻方向，干支线等中大型飞机坚持新型气动布局、可持续航空燃料和混合动力等多种路线并存；同时，积极探索氢能源、液化天然气（Liquefied Natural Gas，LNG）等技术路线，前瞻布局未来产业。

根据相关研究机构的统计，全球范围内目前有约 300 型新能源飞机项目正在进行中。从项目来源地区来看，大部分的项目都在传统的航空市场，即欧洲（48%）和美国（35%）。从技术方案来看，纯电和油电混动项目超过 85%，其余15% 为氢动力和 SAF。

近年来，作为世界航空业先进水平的代表，美国和欧洲多家飞机制造商与科研机构高度关注新能源飞机研究。

2017 年 10 月，赛峰集团公布了其电推进技术发展路线图，如图 7-1 所示。该路线图预期，2030 年前实现初步混合动力推进（起飞、爬升和慢车推力的 10% 由电力提供）；2035 年实现带边界层吸入的混合分布式电推进（推力的20%~50% 由电力提供）；2040 年实现 100% 电推进。

罗罗公司于 2019 年提出 "21 世纪电推进飞机战略发展计划"，主要在三个方向开展并行研究：

1）针对多电飞机需求的嵌入式起动 / 发电机项目，如嵌入式电起动发电机（Embedded Electrical Starter Generator，E2SG）项目和英国 "暴风" 五代机项目。

2）在大飞机上开展电气化关键部件技术验证，打造全球最强飞机发电机。

3）在小型通用飞机上开展电推进飞机概念验证，如推动电推进技术发展的"加速飞行电气化" ACCEL 项目和 Volante 项目。

可以预见，在国家政策及低空经济巨大的市场前景和经济潜力的激励下，伴随着我国新能源相关技术的日益发展，以电动机、电机控制器及动力锂电池为主要设备的电推进系统技术发展也将日新月异。电推进系统作为有别于传统动力飞机的新能源飞机的核心，将对新能源飞机的发展起到至关重要的作用。未来新能源电动飞机电推进系统的发展将依托相关科技进步，并逐渐形成符合飞行器使用特点的独特技术路线。在飞机构型、能源应用、控制模式以及电推进系统的主要部件方面，新能源飞机及其电推进系统将逐步形成针对飞机应用特点的、结合飞机特有使用要求和应用场景的技术研究，以及符合新能源飞机特有各项适航法规要求的通用航空产品。

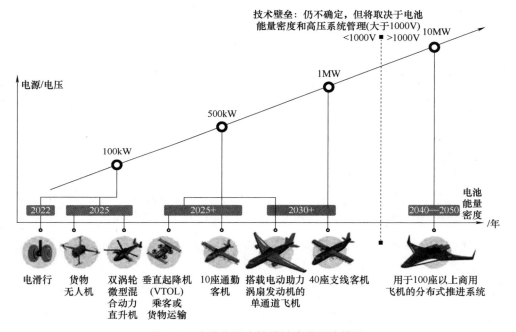

图 7-1　赛峰集团电推进技术发展路线图

综上所述，新能源电动飞机电推进系统未来的技术发展趋势将围绕高能量密度电池技术、高效能电机技术、智能化控制技术、混合电推进技术和轻量化设计技术等方面展开。这些技术的革新与进步将推动新能源电动飞机向着更加绿色、高效、智能的未来迈进，为航空业的可持续发展贡献力量。

7.2　新能源电动飞机及其电推进系统未来技术发展趋势

7.2.1　新能源电动飞机的未来发展趋势

1. 动力能源

有别于传统动力飞机的以燃油作为唯一动力能源供给，新能源飞机的动力能源形式多种多样，除市场应用广泛的动力锂电池外，燃料电池、光伏、氢内燃混合动力等新的动力能源供给方式给了新能源电动飞机更多的选择，因此其发展也呈现多种方式齐头并进、多点开花的态势。同时，针对不同能源供给形式的优缺点，混合搭配的混合动力方式也逐渐成为新能源飞机能源供给技术发展的方向。

（1）燃料电池

燃料电池在新能源飞机上的技术发展是一个备受关注的领域。与传统燃油发动机相比，燃料电池能量转换效率高，振动与噪声更低，且具有动力锂电池在可以预见的未来无法突破的高能量密度，同时加注速度快。燃料电池的以上特点使其适合作为新能源飞机动力能源使用，能够实现更长的续航里程，使新能源飞机摆脱航时航程焦虑。燃料电池目前在新能源飞机上已逐步开展使用，其中 30kW 以下功率燃料电池已在多型号无人机取得应用，但在较大型飞机上，因其目前功率还不足以完全支持大型飞机的起飞和巡航需求，同时受限于设备体积、重量及散热方式等方面的技术限制，尚难以作为独立动力能源。

燃料电池技术的核心是电极与催化剂，目前主要采用的是贵金属材料，如铂、钌等。高昂的材料成本和资源短缺成为燃料电池技术发展的瓶颈之一。因此，未来燃料电池技术发展的关键在于材料与响应设计技术的创新，如非贵金属催化剂、高效双极板流体设计等，这些新材料与新技术不仅可以提高电极活性，降低成本，还有望进一步提升燃料电池的性能和寿命。

另一方面，提高功重比，使燃料电池更适应于新能源飞机使用，是未来燃料电池应用于新能源飞机的重点发展技术。其中，氢气是燃料电池的主要燃料，燃料电池在机上的氢气储存方式普遍为高压储氢，置于机身内，占用较大机上空间，采用外挂方式则影响飞行性能。为了推动燃料电池技术在新能源飞机上的应用，目前正在探索新的氢气供应方式，如氢气发生器、氢气储存合金以及液态储氢等。这些新技术将使燃料电池在机上充分发挥能量密度高的优势，并大大减少燃料电池储氢设备的体积与重量。

另外，燃料电池技术作为一种能源转换技术，在新能源飞机上的应用不仅仅依靠核心燃料电池本身，还需要与其他设备、系统进行集成。未来，燃料电池在新能源飞机上的技术发展将更加注重系统集成的完善，最大限度地降低系统重量与体积，提高整体效率和可靠性，如结合飞机飞行气流将大功率燃料电池冷却方式由液冷向风冷或风液结合的方向简化，这包括电池系统、氢气供应系统、储能系统等多个方面的优化和整合，以实现新能源飞机用更高效、更高功重比的能源供应。

（2）混合动力能源

如前所述，目前应用于新能源飞机的各种动力能源形式均存在尚无法突破的技术难点与瓶颈，将多种能源形式相结合的技术将成为新能源电动飞机电推进系统的重要发展方向。例如，目前燃料电池堆的功率还不足以完全支持大型飞机的起飞和巡航需求，在实际应用中需要采用混合动力系统提高飞机的动力输出能力；另外，采用高效涡轮发动机与动力锂电池通过并联或串联技术作为飞行器混合动力能源，可以在保证飞机性能的同时降低燃油消耗和排放，也是未来向零排放目标过渡阶段的技术路线之一。辽宁通用航空研究院目前正在开发 70kW 功率燃料电池搭配动力锂电池的新能源混合动力飞机，输出功率可达140kW 以上；中航工业燃气涡轮研究院也正在进行涡轮发动机作为动力锂电池增程器的航空器混合动力技术开发。

混合动力能源技术应用于新能源飞机的技术发展重点聚焦于多源能量管理技术和智能能源分配技术。多源能量管理技术为实现不同能源之间的协同工作和高效利用。通过集成多种能源如电池、燃料电池、太阳能等，实现更灵活、更高效的能量供应方式。智能能源分配技术根据飞行需求实时调整不同能源之间的分配比例，实现最优化的能量利用效果。通过集成先进的传感器和算法，实现对能源使用情况的实时监测和智能控制。

未来，新能源电动飞机将更加注重混合电推进技术的研究与应用。通过优化混合电推进系统的设计和控制策略，实现动力性能的进一步优化，同时提高飞机的性能和可靠性。

2. 飞机构型

传统的飞机结构由多个独立的部件组成，这种设计往往增加了结构的重量和复杂性。新能源飞机将根据其动力形式的创新，借鉴新能源汽车的设计理念与技术路线，朝着更加灵活和轻量化、动力系统与飞机一体化设计的方向发展。轻量化设计技术是新能源电动飞机电推进系统未来不可或缺的发展方向。通过采用先进的材料、工艺和结构设计，减轻飞机的整体质量，提高飞机的载重能力和续航能力。同时，轻量化设计还可以降低飞机的能耗和运营成本，提高飞机的经济效益。另外，新能源飞机将更多地采用整体一体化设计，将多个部件集成在一起，从而提高结构的整体性能和效率。

在具体飞机类型方面，因为新能源飞机动力方式对于传统燃油飞机的突破，构型除传统固定翼机型外，将结合预期应用场景呈现多种多样的发展形式，发展趋势是朝着更加灵活和轻量化的方向发展。如eVTOL因受起降场地限制较小、耗电量较大航时较短，将更多应用于城市立体交通；倾转旋翼与复合翼机型兼顾垂直起降与巡航功能；分布式动力机型在解决系统集成、成本以及技术成熟度问题后，将逐步展现出飞行效率、安全性和稳定性方面的优势。

3. 智能化控制

智能化控制技术是结合科学技术发展而形成的新能源动力飞机未来的重要发展方向，通过集成先进的传感器、控制器和算法，实现对飞机飞行状态的实时监测和精准控制，提高飞机的安全性和稳定性。同时，智能化控制技术还可以实现飞机的自主飞行和智能调度，提高飞机的运营效率和经济效益。智能化控制主要技术包括自适应控制技术、预测控制技术及协同控制技术等。自适应控制技术能够根据飞行环境的变化实时调整电推进系统的运行状态，确保飞机在复杂环境下的稳定性和安全性。预测控制技术能够预测飞机未来的飞行状态和需求，提前调整电推进系统的运行状态，实现更高效的能量管理和更智能的飞行控制。协同控制技术能够实现多个电推进系统之间的协同工作，提高整个系统的效率和可靠性。通过优化协同控制策略，可以实现更高效的能量分配和更稳定的飞行状态。

同时，随着人工智能和机器学习技术的快速发展，未来新能源飞机将更加智能化。通过集成先进的传感器和算法，电推进系统能够实时收集和分析飞行数据，实现自适应控制、故障预测和智能维护等功能。人工智能和机器学习技术的应用将提高新能源飞机的安全性、可靠性和运营效率。

4. 冗余与安全

新能源飞机为新发展技术，目前尚处于发展阶段，技术成熟度、技术安全性和可靠性均有待于进行大量的、长时间的验证，同时关于通航类电动飞机审查标准和要求也尚处于空白，没有成熟的标准可供借鉴，因此新能源飞机在安全方面的保障性设计显得尤为关键与重要。在具体的技术发展方向上，作为新能源飞机区别于传统飞机的核心系统，电推进系统需要将冗余设计灌输至产品应用，旨在提高系统的可靠性和安全性，确保在部分组件或系统失效的情况下，整体系统仍能正常或至少以降级模式运行。针对电推进系统的冗余设计，需要从电机控制器驱动单元、电机控制器控制单元、功率器件、电动机、动力电源、电源处理单元、系统监控与故障诊断等各个方面进行考虑，植入冗余设计理念。

5. 大数据系统

随着新能源飞机的不断发展及运行数量的不断增加，大数据系统将助力其快速发展。大数据系统在新能源飞机的应用体系中，在技术发展与持续适航等方面会发挥至关重要的作用。

1）成熟稳定的大数据系统将能够收集、分析和处理诸如飞机性能参数、能源消耗情况、飞行路径等飞行数据。通过对这些数据的深入分析和解读，能够更好地了解飞机的运行状况，发现潜在问题，并及时进行优化与改进。例如，大数据新统在新能源飞机体系中的应用能够帮助飞行员实时了解飞机的能源储备情况，合理规划飞行线路，提高能源利用效率；同时，还能够对飞机的主要用电设备进行监测和预警，提前发现故障隐患，保障飞行安全。

2）大数据系统也能够为各航司提供更加精准的运营管理决策支持，通过对飞行数据的分析，可以优化航线网络，降低运营成本。

3）大数据系统的发展还能够为飞机制造商提供研发数据，加速新能源飞机技术的发展与升级。

当然，新能源飞机的大数据系统与新能源汽车等行业系统类似，在数据安全、数据质量、数据共享等问题上存在问题与隐患；另外，数据的标准化和互操作性也需要形成统一标准，以实现不同制造商、不同机型、不同航司运营、不同型号飞机间的数据共享与交互。因此，新能源飞机的大数据系统未来需要朝着强数据管理和安全防护措施的技术方向进一步发展，形成运行稳定和数据安全可靠的系统构建能力，同时在数据共享机制方面制定相应措施与机制，促进各方的信息交互。

7.2.2 电推进系统的主要发展趋势

1. 高效能航空电动机技术

电动机是新能源飞机电推进系统的关键部件之一，其效率直接影响着飞机的能耗和性能。未来，航空专用电动机的设计将更加注重集成化和模块化，开发出更高性能、更紧凑的产品，技术将朝着更高能效、更轻量、更智能等方向发展。

（1）高能效电动机技术

通过优化电动机结构和控制策略，提高电动机的效率和功率密度。同时，采用新型电机材料如纳米材料、超导材料等，进一步提高电动机的能效和可靠性。

（2）轻量化设计技术

轻量化设计是降低新能源飞机能耗和提高性能的重要手段。未来，随着新材料和新工艺的应用，电动机的重量和体积将进一步减小，从而提高飞机的整体性能。

（3）智能电动机技术

智能电动机技术将实现电动机的自适应控制、故障预测和智能维护等功能。通过集成先进的传感器和算法，电动机能够实时收集和分析运行数据，实现更高效、更智能的运行。

（4）新兴电机制造技术

现阶段，新能源飞机用电动机大都为稀土永磁同步电机，具有温度敏感性高、腐蚀性强、易受外界磁场干扰等缺点。这些缺点会限制永磁电机在高温、高湿、高海拔等极端环境下的使用，也会影响永磁电机的可靠性和安全性。随着技术的进步和新型材料的研发，以无稀土永磁电动机为代表的新型电动机受到越来越多的关注。价格便宜、效率高、使用寿命长、环保可持续等潜在的应用价值，使新型电动机有望在未来在新能源航空领域得到更广泛的应用和发展。

2. 电机控制器技术

电机控制器作为新能源飞机电推进系统设备中的核心部件，其未来技术发展将呈现出智能化、高效化、集成化、数字化和无线化等多个重要趋势。

（1）智能化

智能化是电机控制器的必然趋势。随着人工智能、物联网、大数据等技术的引入，以及 AI 模型的建立等技术的积累，电机控制器将实现 PID 调节的自主决策、与电动机的自适应匹配和自我修复等功能，这将极大提高新能源飞机电推进系统的操作简易程度。具体来说，智能化的电机控制器可以实时根据工况和飞行姿态变化自动调整控制策略，并通过自我修复机制解决潜在问题，从而提高电推进系统及飞机的性能和可靠性。

（2）高效化

高效化是新能源飞机电机控制器的另一个重要趋势。高效的电机控制器将采用先进的控制算法和高效功率器件，提高转换效率，降低能量损耗。

伴随着功率器件的技术不断发展，碳化硅器件已经逐步在各种控制设备上实现应用，相较于前一代功率放大器件绝缘栅双极型晶体管（Insulated Gate Bipolar Transistor，IGBT），碳化硅功率器件具有更好的热稳定性，可以在温度高达200℃以上的环境下长时间稳定工作；具有较低的内部电阻和更高的击穿场强，因此可以承受比相同体积的硅器件更高的电压；工作频率高、能够在相同的空间内实现更高的功率密度，优化系统能效；能量损耗更低，能够实现更高效率的能量转换；具有更高的开关速度和较低的开关损耗，可以实现更高的工作频率；尺寸更小，具有更高的集成度和更小的空间需求。以上优势使碳化硅功率器件更能够匹配新能源飞机的应用环境与使用要求，将在未来广泛应用于新能源飞机的电机控制器。

（3）集成化

集成化是电机控制器未来发展的另一个重要方向。随着电子技术的不断进步，电机控制器的集成度将不断提高，实现更多功能的集成和模块化设计。这不仅可以降低生产成本和提高生产效率，还可以提高可靠性和可维护性。例如，未来的电机控制器可能会集成更多的传感器和执行器，实现更加精确和高效的控制。

（4）数字化和无线化

数字控制可以提供更高的灵活性和可编程性，使电机控制器能够适应更多的应用场景和控制需求。无线控制则可以实现远程通信和远程控制，在应用时提供便利和移动性。未来，随着5G、物联网等技术的不断发展，电机控制器将可能逐步实现数字化和无线化。

3. 动力电池技术的突破与创新

动力锂电池技术是目前在新能源飞机上应用最广泛、占比最大、技术成熟度最高的能源供给方式，其能量密度和安全性直接影响着飞机的续航能力和安全性。目前电池的能量密度仍然有限，无法满足长距离的飞行需求。因此未来电池技术将朝着更高能量密度、更长使用寿命、更快速充电、更安全可靠的方向发展。

（1）高能量密度电池技术

随着材料科学的进步，新型高能量密度电池如固态电池、锂硫电池等，将逐渐成熟并应用于新能源电动飞机电推进系统中。这些新型电池具有更高的能量密度和更长的寿命，能够显著提升飞机的续航能力。

（2）充电技术

快速充电将大幅缩短新能源电动飞机的充电时间，提高运营效率。未来，大功率无线充电技术也可能在新能源飞机得到广泛应用，进一步简化充电过程，并能够大幅提高电池安装与使用的便捷性。

（3）电池安全技术

电池安全是新能源电动飞机电推进系统的重要问题。未来，电池管理系统将实现更精确的电池状态监测和预警功能，同时采用新型电池材料和结构来提高电池的安全性。

4. 电机电控一体化

电动机与电机控制器一体化的设计理念具有适配新能源飞机应用的诸多优势。一体化的设计可以最大程度的减少体积与重量，呈现去线缆化，提高电推进系统功重比与整体效率，并使电推进系统更加适合在飞机内部的安装更加灵活。当然，要实现电动机与控制器一体化技术的广泛应用，需要在有限的空间内完成高功率密度和高效率的一体化设计，并应同时进一步研究和优化散热问题与电磁兼容性问题。

5. 供电体制高压化

在新能源汽车领域，高压供电体制已形成广泛而成熟的应用，为大势所趋，其发展理念也适用于动力原理基本一致的新能源飞机。

根据充电时间（h）＝电池充电电量（kW·h）/充电功率（kW）的原理，实现快充主要以大电流和高电压两种方式，其中高压快充更具效率，可缓解充电等待焦虑。在充电功率相同条件下，根据功率（kW）＝电压（V）×电流（A），电压越高则电流越小，发热导致的功率损耗也越小，能量转换效率高，安全性更好，不易产生发热带来的安全问题；同时在电流不变时，电压越大则电动机功率越大，电机控制器效率也越高；此外，相较于大电流，高电压路径可在更宽的 SOC 范围内实现高功率充电。

因此，高压化将使充电效率大幅提升，使电推进系统的功率密度和能量使用效率得到提升。未来，新能源飞机的高压化将是持续探索的技术方向。

7.3 新能源飞机的产业化与商业化发展

随着新能源飞机技术的不断突破与创新，其产业化与商业化进程也正在逐步加快。

7.3.1 政策与标准支持

在新能源飞机技术发展的同时，政策支持和产业链协同也至关重要。需要尽快制定相应政策，鼓励和支持新能源飞机的研发和应用，为新能源电动飞机电推进系统的发展提供有力支持。同时，加强产业链各环节的协同合作，推动技术创新与产业升级。

另外，应尽快制定统一的技术标准和安全规范，确保新能源电动飞机的安全性和可靠性。这将为新能源电动飞机电推进系统的产业化与商业化奠定坚实的基础。

7.3.2 产业链的构建与完善

新能源飞机发展将带动相关产业链的构建与完善。这包括电池、电动机、电机控制器等核心部件的制造业，以及航空材料、制造工艺等相关产业的发展。产业链的完善将提高新能源电动飞机电推进系统的生产效率和质量，降低生产成本，推动新能源飞机的广泛应用。同时，产业链的完善也将促进技术创新和产业升级，为航空业带来新的增长点。

7.3.3 国际合作与交流

新能源飞机电推进系统的发展需要国际合作与交流的支持。各国应加强在技术研发、产业投资、市场推广等方面的合作与交流，共同推动新能源飞机的技术发展。通过分享技术成果、交流发展经验、开展联合研发等方式，加强国际合作与交流，将有助于推动新能源电动飞机电推进系统的技术创新和产业升级。同时，国际合作与交流也将促进全球航空产业的绿色发展，为应对气候变化和环境问题贡献力量。

7.4   新能源飞机的应用前景

新能源飞机具有广阔的应用前景。随着技术的不断突破和创新，新能源飞机将在短途运输、城市航空、旅游观光等领域得到广泛应用。新能源飞机将以其零排放、低噪声、高效率等优势，为航空业带来全新的发展机遇和挑战。

在短途运输领域，以 eVOTL 为代表的新能源飞机能够满足城市间的快速、便捷交通需求，缓解地面交通拥堵问题。在城市航空领域，新能源飞机将以其低噪声、环保的特点，为民众提供更加舒适、安全的出行方式。在旅游观光领域，新能源飞机将以其高效、灵活的特点，为游客提供更加丰富的旅游体验。

7.5   总结与展望

新能源飞机作为未来航空业的重要发展方向，其技术革新与进步将推动整个行业的绿色转型和可持续发展。未来，随着电池技术、电机技术、智能化控制技术和混合电推进技术等领域的不断突破和创新，新能源飞机将在性能、安全性、可靠性等方面实现显著提升。同时，随着产业链的构建与完善以及国际合作与交流的加强，新能源飞机的产业化与商业化进程将不断加快。我们有理由相信，在不久的将来，新能源飞机将成为航空领域的主流，广泛应用于航空业的各个领域，为人类的出行和环境保护带来革命性的变化，创造更加绿色、高效、智能的飞行方式。

附　　录

附录 1　CTSO-2C613《可充电动力锂电池和电池系统最低性能》标准草案

　　为了适应航空可充电动力锂电池和电池系统的应用需求，提出本标准。本标准适用于作为飞机型号设计（或补充／更改的型号设计）的一部分且能量大于等于 200W·h 的可充电动力锂电池和电池系统。本标准不适用于非充电锂电池。

　　根据航空工业实际应用情况，并参照汽车工业的标准，结合 RTCA/DO-311A《可充电锂电池和电池系统最低性能》标准，制定《航空可充电动力锂电池和电池系统的最低性能》标准草案。根据航空器的类别（如 CCAR 第 23 部、25 部、27 部、29 部，以及 eVTOL 和飞行汽车等），可能需要进行超出本标准范围的额外试验和分析，以获得安装批准。

　　本标准是以 RTCA/DO-311A 为基础编写的。由于 DO-311A 适用范围为发动机或辅助动力装置（APU）启动、航空电子设备、应急系统和其他系统上应用的可充电锂电池和电池系统，而本标准针对航空器动力锂电池的要求，删除了 DO-311A 中不适用本标准的内容，并根据动力锂电池的特点，增加了新的内容。本标准草案相对 RTCA/DO-311A 的改动见附表 1-1。

　　附表 1-2 提供了一个测试矩阵，该矩阵定义了所需的测试以及测试顺序。至少应使用 4 个试验品进行试验。如果电芯热失控包容性（见标准第 2.4.5.4 节）、爆炸包容性（见标准第 2.4.5.6 节）测试适用，则需要额外的试验品。电池系统和测试硬件应按照构型控制进行维护。

附表 1-1　CTSO-2C613 相对 RTCA/DO-311A 的改动

RTCA/DO-311A	CTSO-2C613 草案	更改说明
目的	更换：将"飞机"更换为"航空器"	本标准适用范围除飞机外还包括 eVTOL 和飞行汽车等航空器，全文中多处存有此更换，包括"1.3 系统概述""1.5 已安装设备的监管责任""2.1.2 设计保证""2.1.4 通用安全要求""2.1.8 排气布置""2.1.10.7 防止汇流条反向充电""2.1.11 质量""2.4.2 测试矩阵""2.4.3 测试设置""2.4.4.8 充电接受能力测试""3 安装注意事项""附录 A"等，不再重复说明
1.2　范围	内容整体更换为： 本标准适用于作为飞机型号设计（或补充 / 更改的型号设计）的一部分且能量大于等于 200W·h 的可充电动力锂电池和电池系统。本标准不适用于非充电锂电池 本标准不涉及对电芯 / 电池老化进行单独的电芯级测试或表征。可用其他标准，如 UL、IEC、UN 或局方认可的标准，进行电芯 / 电池老化效应的电芯级测试或表征	本标准适用于能量 ≥ 200W·h 的动力锂电池和电池系统
1.3　系统概述	更换：将"可充电锂电池和电池系统"更换为"可充电动力锂电池和电池系统" 更换：将"发动机或 APU 起动、电子、应急和其他系统"更换为"电动机、航空电子设备、应急系统和其它系统"	本标准不适用于用作发动机起动或 APU 起动的锂电池和电池系统
1.4　排气类别	内容整体更换为： "根据本标准进行试验时，基于通风排气的设计规定，定义排气类别如下： ● A 类排气—不允许排放物从电池系统中逸出 ● B 类排气—只有通过一个或多个设计排气装置，排放物才能从电池系统中逸出。该排气装置旨在提供与航空器排气系统的密封连接 ● C 类排气—允许排放物从电池系统中逸出，并且没有设计排气装置提供与航空器排气系统的密封连接 制造商应根据电池系统设计声明排气类别	本标准不涉及能量类别低于 200W·h 以下的，以及嵌入式锂电池

（续）

RTCA/DO-311A	CTSO-2C613 草案	更改说明
1.5 已安装设备的监管责任	更换：将"14CFRpart23、25、27or29"更换为"CCAR 第 23 部、25 部、27 部、29 部、eVTOL 和飞行汽车等"	本标准新增适用航空器类别 eVTOL 和飞行汽车
1.6 测试程序	更换：将"RTCA/DO-160"更换为"RTCA/DO-160G"	本标准明确采用最新版 RTCA/DO-160G
1.7 参考	新增："RTCA/DO-311A 可充电锂电池和电池系统的最低运行性能标准""GB/T 38031—2020 电动汽车用动力蓄电池安全要求" 删除："UL1642"和"UL2054"	
1.8.1 缩略语	删除：APU""CFR""CAGE""EASA""FAA"	
2.1.3 电池标记	删除："2.1.3.2 嵌入式锂电池"	本标准不包括嵌入式锂电池
2.2.1.6 低温和高温容量	更换：将"RTCA/DO-160"更换为"RTCA/DO-160G"	
2.2.1.7 高倍率电池恒压放电	更换：将"高倍率电池恒压放电"更换为"恒压放电" 测试说明更换："当进行恒压放电时，电池应达到或超过设计文件中规定的 IPP 和 IPR。除非设计文件中另有说明，否则恒压放电值应为电池额定电压的一半或由制造商给定条件下的放电截止电压（End Point Voltage，EPV）。如果在恒压放电值导致过电流或欠电压保护电路跳闸，可调整恒定电压值，以不超过电流或电压限制"	本标准不区分高倍率和高能量类别，两者皆需要满足本要求
2.2.1.10 高倍率电池循环性能	更换：将"高倍率电池循环性能"更换为"循环性能"	本标准不区分高倍率和高能量类别，两者皆需要满足本要求
2.2.2.6 坠落冲击安全	删除该节内容	该要求不适用于可充电式动力锂电池和电池系统
2.3 环境条件下设备要求	更换：将"RTCA/DO-160"更换为"RTCA/DO-160G"	本标准明确采用最新版 RTCA/DO-160G
2.3.1 环境性能要求	更换：将"RTCA/DO-160"更换为"RTCA/DO-160G"	本标准明确采用最新版 RTCA/DO-160G
2.4.2 测试矩阵	具体内容见标准备注 1	本标准删除测试矩阵中能量类别，并删除不适用备注内容

（续）

RTCA/DO-311A	CTSO-2C613草案	更改说明
2.4.4.3 绝缘电阻测试	更换：将测试方法b条内容更换为："在EUT电气接头的以下测试点施加至少60s的直流电压，直流电压应为电池或电池系统额定电压的1.5倍或DC 500V（以较高者为准）"	本标准测量用直流电压设置为电池或电池系统额定电压的1.5倍或DC 500V
2.4.4.4 手柄强度测试	更换：将测试方法a条内容更换为："EUT上的每个手柄应承受2倍于EUT重量的载荷。荷载应垂直手柄所在平面向上施加"	考虑到手柄方位不同的问题
2.4.4.6 低温和高温容量测试	删除：嵌入式锂电池的内容	本标准不包括嵌入式锂电池
2.4.4.7 高倍率电池恒压放电测试	具体内容见备注2	本标准不区分高倍率和高能量类别，两者皆需要满足本要求
2.4.4.10 高倍率电池循环寿命测试	更换：将测试方法b条1）内容更换为："EUT应以$10I_1$或I_{max}放电80%的放电深度（即剩余20%SOC）"	本标准不区分高倍率和高能量类别，两者皆需要满足本要求
2.4.4.11 短时高温快速放电测试	删除：嵌入式锂电池的内容 更换：将"RTCA/DO-160"更换为"RTCA/DO-160G"	本标准不考虑嵌入式锂电池 本标准明确采用最新版RTCA/DO-160G
2.4.4.12 短路保护测试	删除：嵌入式锂电池的内容 更换：将测试方法d条内容更换为"使用总阻值不超过5mΩ的外电路进行短路"	本标准不考虑嵌入式锂电池 本标准采用"总阻值不超过5mΩ的外电路进行短路"
2.4.4.13 过放电保护测试	删除：嵌入式锂电池的内容	本标准不考虑嵌入式锂电池
2.4.5.3 去除保护的过放电测试	删除：嵌入式锂电池的内容	本标准不考虑嵌入式锂电池
2.4.5.5 电池热失控包容性测试	更换：将"在这种情况下，需要与FAA和适用的监管机构进行协调，从系统和航空器整体设计方面满足电池热失控包容性"更换为"在这种情况下，需要与相应的监管机构进行协调，从系统和航空器整体设计方面满足电池热失控包容性"	监管机构范围更正
2.4.5.6 爆炸包容性测试	更换：将"RTCA/DO-160"更换为"RTCA/DO-160G" 删除："测试仅适用于大于100W·h的电池"	本标准明确采用最新版RTCA/DO-160G 本标准的适用范围是大于200W·h的电池，已覆盖100W·h

（续）

RTCA/DO-311A	CTSO-2C613 草案	更改说明
2.4.5.7 坠落冲击安全	删除该节内容	该要求不适用于可充电式动力锂电池和电池系统
3 安装注意事项	更换：将"23、25、27 or 29"更换为"CCAR 第 23 部、25 部、27 部、29 部、eVTOL 和飞行汽车等"	本标准新增适用航空器类别 eVTOL 和飞行汽车
3.1.1 航空器警告系统	更换：将"飞机"更换为"航空器"	本标准适用范围除飞机外还包括 eVTOL 和飞行汽车等航空器
3.2.3 设备安装的其他注意事项	更换：将"飞机"更换为"航空器"	本标准适用范围除飞机外还包括 eVTOL 和飞行汽车等航空器
3.3 设备安装的测试程序	更换：将"飞机"更换为"航空器"	本标准适用范围除飞机外还包括 eVTOL 和飞行汽车等航空器
附录 A A.4 连接器损坏	更换：将"飞机"更换为"航空器"	本标准适用范围除飞机外还包括 eVTOL 和飞行汽车等航空器
附录 A A.6 航运	删除："在美国，49CFR 的 100~185 部分规定了这些要求"	监管机构范围更正
附录 C	附录 2	具体内容见附录 2

附表 1-2　测试矩阵

测试内容	章节	注释	被测设备编号						
			Ⅰ	Ⅱ	Ⅲ	Ⅳ	（Ⅴ）	（Ⅵ）	（Ⅶ）
外观检查	2.4.4.1	1	×	×	×	×	×	×	×
绝缘电阻	2.4.4.3	1	×	×	×	×	×	×	×
额定容量	2.4.4.5	1	×	×	×	×	×	×	×
低温和高温容量	2.4.4.6	2	×	×	×				
短时高温快速放电	2.4.4.11	2，3							
恒压放电	2.4.4.7	2，3							
充电接受能力	2.4.4.8	2，3							
荷电保持能力	2.4.4.9	2，3，7							
短路保护	2.4.4.12	2，3							
循环寿命	2.4.4.10	2，3							
过放电保护	2.4.4.13	2，3							

（续）

测试内容	章节	注释	被测设备编号						
			I	II	III	IV	（V）	（VI）	（VII）
过充电保护	2.4.4.14	2，3							
手柄强度	2.4.4.4	2，3							
环境性能（DO-160G）	2.3.1	4							
绝缘电阻	2.4.4.3	5							
包容性测试程序（Acceptance Test Procedure，ATP）	2.4.4.2	6	×	×	×	×	×	×	×
电芯短路	2.4.5.1	6	×						
去除保护的电池短路	2.4.5.2	6，8		×					
去除保护的过放电	2.4.5.3	6			×				
电池热失控包容性	2.4.5.5	6，8				×			
电芯热失控包容性	2.4.5.4	6					×	×	
爆炸包容性	2.4.5.6	6							×

注 1. 首先按指定的行顺序进行这些测试。

2. 这些测试可以按任何顺序进行。

3. 对至少一个试样进行这些试验。

4. 除非 RTCA/DO-160G 中另有规定，否则这些 RTCA/DO-160G 测试可以在任何数量的测试品上以任何顺序进行。

5. 在完成 RTCA/DO-160G 测试后，对每个 RTCA/DO-160G 测试件进行测试。

6. 在进行安全测试之前，进行 ATP。

7. 环境温度和 50℃ 下的试验可在两种不同的试验品上进行。

8. 单个电芯组成的电池不需要进行测试。

下面介绍恒压放电测试，测试的目的是确定峰值功率电流 I_{PP} 和额定功率电流 I_{PR}。在测试的温度稳定和放电部分，不允许使用外部电源。下面简述三种测试方法。

（1）常温恒压放电测试

1）EUT 应按照制造商的说明进行维护并充满电。

2）当 EUT 在 23℃ 的温度下稳定后，以电池额定电压一半或由制造商给定条件下的 EPV 相对应的恒定终端电压进行放电，不少于 15s。如果在额定电压的一半或 EPV 放电导致过电流或欠电压保护电路跳闸，则可调整恒定电压值，以不超过电流或电压限制。

3）验证 EUT 是否符合标准第 2.2.1.7 节的要求。

4）如果使用的恒定电压值不是额定电压的一半或 EPV，则应报告。

（2）低温恒压放电测试

依据 RTCA/DO-160G 第 4 部分的要求，按照制造商声明的类别对 EUT 使用工作低温，重复上述步骤（1）1）至（1）4）。对于带有自供电加热器的电池，在放电开始前打开 EUT15min。

（3）高温恒压放电测试

依据 RTCA/DO-160G 第 4 部分的要求，按照制造商声明的类别对 EUT 使用工作高温，重复上述步骤（1）1）至（1）4）。

附录2　可充电动力锂电池和电池系统热失控包容试验替代方法

本附录给出替代标准附录 1 附表 1-1 中第 2.4.5.5 节的电池热失控包容性试验方法。使用这个替代试验方法是基于本附录中的先决条件，并且应该与相应的监管机构协调决定。

如果在进行替代电池热失控包容性测试（标准附录 2）时满足电芯热失控包容性（标准附录 1 中 2.2.2.3.a 至 2.2.2.3.c）的要求，则无须进行电芯热失控包容性测试（标准附录 1 中第 2.4.5.4 节）。

1. 先决条件

1）包含控制和保护关键功能的软件应按照 RTCA/DO-178 设计保证水平 A 级进行设计和批准。

2）包含控制和保护关键功能的复杂航空电子硬件应按照 RTCA/DO-254 设计保证水平 A 级进行设计和批准。

3）进行电池系统安全性分析（SSA）包括：功能危害性分析（FHA），故障树分析（FTA），失效模式和影响分析（FMEA），按 SAE ARP 4761 2.1.7b 进行共模分析。

4）包含控制和保护关键功能的电池和电池系统应该用故障树（FTA）证明

灾难级失效概率小于或等于 10^{-9}。

2. 测试说明

测试方法的目的是选择一对临近电芯，通过外短路、加热或过充触发热失控。选择不同的电池不同的电芯位置重复进行，直到所有位置测试完或最少测试 5 块电池。在试验之前要和相应的监管机构确认所选择的电芯，协调内容包括适用的证实数据。注：为了节省成本，如果在完成一对电芯热失控试验后，其它的电芯并没有损坏，可继续使用该块电池进行下一对电芯的热失控试验。

电芯对的选择可按下列指导方法进行：

1）电芯对定义为相邻的 2 个电芯。电芯对应考虑间距和传热特性，以最大限度地发挥传播到其它电芯的潜力。

2）对于小于或等于 10 个电芯的电池，电芯对的数量应该等于或大于电芯数量的二分之一，取整。对于奇数个电芯的电池，其中一个电芯将试验两次。

3）对于大于 10 个电芯的电池，选择下面位置的 5 对电芯：中心、宽面、窄面、角、边。对于远远大于 10 个电芯或具备复杂几何外形的电池，可能需要测试大于 5 个位置的电芯对，以获得更全面的覆盖。

基于电池所含电芯的数量，附表 2-1 给出了试验电芯数量的选择。

附表 2-1　试验电芯数量的选择

每块电池所含电芯的数量	试验电芯的最小数量
1	不适用
2	1
3	2
4	2
5	3
6	3
7	4
8	4
9	5
10	5
11 或更多	5

3. 测试方法

（1）过热或过充触发电池热失控的测试方法

1）EUT 应按照制造商的说明进行维护并充满电。

2）测量至少包括两个触发热失控电芯的温度和电压、EUT 的外表面温度以及离开 EUT 的气体温度。

3）在 EUT 内部安装一个或多个加热装置，以加热电芯对，或在允许过充的电芯对上安装电线且不能过充其它电芯。对于并联电芯，对两个电隔离电芯触发热失控：①如果使用加热装置，应以 4~10℃/min 的平均加热速率加热电芯的外表面；②如果使用过充，充电电流和电压的选择应使电芯在 30min 之内热失控。这种方法需要禁止或旁路过充电保护电路，电芯内部的保护不应被禁止。

4）将 EUT 稳定在 55℃或制造商的额定最大工作温度（以较高者为准）。

5）在温度稳定后，可将被测设备从温箱（如使用）中取出，以避免对温箱造成污染。如果将 EUT 从试验箱中取出，则应在电池温度降至低于步骤 4）中规定的稳定温度 5℃前执行步骤 6）。

6）启动触发机制（过热或过充）。

7）当两个电芯都热失控后，停止触发机制。如果两个电芯都没有达到热失控，可选用另一种触发机制。如果使用加热和过充都没有达到热失控，在这种情况下，需要与相应的监管机构进行协调。

8）在初始热失控事件后，继续监测 EUT16h。

9）在整个测试过程中，记录电芯电压和温度、EUT 外部温度以及任何离开 EUT 的气体温度。注：试验过程应录像。

10）报告以下信息：证明符合本附录先决条件的数据和证据；EUT 破裂；从 EUT 排放气体、烟雾、烟尘或液体；从 EUT 中逸出火焰；从 EUT 释放碎片；被触发电芯的电压和温度、EUT 外部温度和任何离开 EUT 的气体温度随时间变化的表格或图形；客观证据，经试验后检查证实，至少有两个电芯触发了热失控。注："客观证据"可包括：电芯的可融化的金属部件、易分解的活性物质、热解（烧焦）的电芯成分、热失控电芯的峰值温度（化学测试）。实现热失控的电芯总数。

11）验证 EUT 是否符合标准附录 1 中第 2.2.2.4 节的要求。

（2）外短路触发电池热失控的测试方法

1）EUT 应按照制造商的说明进行维护并充满电。

2）测量 EUT，以测量至少两个被触发热失控电芯的温度和电压、EUT 的外表面温度以及离开 EUT 的气体温度。

3）用小于等于 5mΩ 线束，分别对电池系统内的 5 对相邻电芯对进行短路触发热失控。

4）连接好线路和设备后，启动外短路。

5）短路开始后直至选定电芯温度不再上升，然后消除短路。

6）室温下将 5 对电芯分别进行短路，短路顺序不限，第 1 对电芯短路完全结束后继续观察 16h，进行第 2 对电芯的短路，直至最后 1 对电芯短路结束。

7）热失控判定条件：①测量点温度达到制造商给出的最高温度；②测量点的温升速率 $dT/dt \geqslant 1℃/s$，且持续 3s 以上。当①和②发生时，参考第 9）条报告的信息，判定发生热失控。

8）在整个测试过程中，记录电芯电压、电流和温度、EUT 外部温度以及任何离开 EUT 的气体温度。注：试验过程应录像。

9）报告以下信息：证明符合本附录先决条件的数据和证据；EUT 破裂；从 EUT 排放气体、烟雾、烟尘或液体；从 EUT 中逸出火焰；从 EUT 释放碎片；被触发电芯的电压和温度、EUT 外部温度和任何离开 EUT 的气体温度随时间变化的表格或图形；客观证据，经试验后检查证实，至少有两个电芯触发了热失控。注："客观证据"可包括：电芯的可融化的金属部件、易分解的活性物质、热解（烧焦）的电芯成分、热失控电芯的峰值温度（化学测试）。实现热失控的电芯总数。

10）验证 EUT 是否符合标准附录 1 中第 2.2.2.4 节的要求。

附录 3　CTSO-2C611《电推进系统动力电机的最低性能》标准草案

本附录规定了电推进系统动力电机的最低性能标准。

1. 术语和定义

1）动力电机：将电能转换成机械能为电动飞机提供动力的电气装置。

2）工作制：动力电机典型的工作制：连续、短时、周期性或非周期性几种类型。周期性工作制包括一种或多种规定了持续时间的额定负载。非周期性工作制中的负载和转速通常在允许的运行范围内变化。

3）额定功率：标准海平面条件下，在本标准规定的动力电机运行限制内，输入额定电压时，电机可以长期稳定输出的最大功率。

4）额定转矩：标准海平面条件下，在本标准规定的动力电机运行限制内，输入额定电压时，电机可以长期稳定输出的最大转矩。

5）额定最大持续功率：在指定高度的标准大气条件下，在本标准规定的动力电机运行限制内，允许的静态或飞行中的有功功率，并且该功率无使用时间限制。

6）短时最大功率（额定起飞功率或峰值功率）：标准海平面条件下，在本标准规定的动力电机运行限制内，允许超出额定值的设计静态最大有功功率，并且该功率使用时间限制为起飞操作中不超过 5min。

7）应急额定值：在故障导致螺旋桨、变速器等电机驱动输出部件出现功率、推力或升力损失时，要求电机应急输出的用于补偿功率或者推力损失的额定功率或者转矩值。

8）最大瞬态超速：制造商规定的动力电机转速瞬时超过最高转速的最大值。该转速应考虑运行时可能出现的最恶劣的电压、频率、负载条件等。

9）最大瞬态超扭：制造商规定的动力电机扭矩瞬时超过最大转矩的最大值。该扭矩应考虑运行时可能出现的最恶劣的电压、频率、负载条件等。

10）最高额定工作温度：标准海平面条件下，在本标准规定的动力电机运行限制内，允许使用的最高温度。

11）最高、最低持续工作温度：在指定高度的标准大气中，在本标准规定的动力电机运行限制内，电机持续工作而不损坏的最高和最低工作温度。

12）最高、最低持续工作电压：在指定高度的标准大气中，在本标准规定的动力电机运行限制内，电机持续工作而不损坏的最高、最低输出工作电压。

13）最高、最低持续工作电流：在指定高度的标准大气中，在本标准规定的动力电机运行限制内，电机持续工作而不损坏的最高、最低输出工作电流。

2. 额定值和运行限制

动力电机的额定值、运行限制和安全运行所必需的任何其它信息，基于各种适用的运行条件确定，并由局方批准。

1）额定值包括功率、转矩、转速和持续时间限制，应当确定最大连续功率和短时最大功率。如适用，还应包括与特定失效状态相关的应急额定值和持续时间限制。

2）运行限制包括确保动力电机安全运行的任何限制。应当确定电机正常运行时的瞬时超限值（包括幅度和持续时间），包括：①最大瞬态超速和持续时间；②最大瞬态超扭、持续时间及其发生次数；③最大超扭和持续时间；④功率、电压、电流、频率限制；⑤最高额定工作温度；⑥最高和最低持续工作温度、电流、电压；⑦振动限制；⑧如采用液冷，应限定冷却液等级或规格、流量、流速及介质温度；⑨其它影响电机安全运行的限制等。

3）应当声明确定额定值的工作制。每个选定的额定值应当对应在确定该额定值的条件下，在大修期间或其它维护周期内，动力电机所能够产生的最低功率。

3. 外观

动力电机表面应无锈蚀、碰伤、划痕、凹陷、裂纹、裂缝、生锈、丝印模糊。涂覆层不得有起皱、龟裂或脱落。紧固件连接应牢固，锁紧和保险应可靠。散热装置无变形或功能性损坏。高压、高温、高速部件应有明显标识防止安全事故。

4. 安装构件和结构

动力电机的安装构件和结构除了应满足 CCAR-33-R2《航空发动机适航规定》第 33.23 条"发动机的安装构件和结构"及后续版本的规定，还应满足：

1）电机的载流零部件应是电的良导体，并应具有抗腐蚀能力。

2）电机的非金属功能零部件，例如冷却用风扇等，应具有足够的机械强度，具备抗因电起火和抗热老化变形能力。

3）如果钢铁零件的锈蚀可能导致电机着火、触电或伤害人身，则这些零件应采用油漆、涂覆、电镀或其它措施以保证有足够的防锈能力。

4）在动力电机绕组的各个典型位置，应设置安全监控手段，避免升温导致的退磁、磁钢脱落、绕组绝缘烧毁。温度检测手段应具有足够的灵敏度、精度和可靠性或余度。

5. 最低性能要求

（1）定子绕组冷态直流电阻

动力电机定子绕组冷态直流电阻值必须满足堵转扭矩输出要求，同时满足短路电流的要求。

（2）绝缘电阻和耐电压

1）动力电机各独立绕组对机壳以及各绕组间的绝缘电阻：冷态绝缘电阻应大于 20MΩ。热态绝缘电阻应按照 GB/T 18488.1 的 5.2.7 中公式计算，若按公式计算的绝缘电阻低于 2MΩ 时，则按 2MΩ 考核确定。湿热环境下绝缘电阻应大于 0.5MΩ。

2）动力电机的各绕组之间及各绕组与壳体之间的耐电压应满足 GB 754—2008（IEC60032-1）中 9.2 及后续版本中规定的条件下试验，绝缘应不被击穿，表面应无闪络。

（3）安全接地

安全接地应满足 GB/T 18488.1—2015 中 5.5.1 安全接地检查及后续版本的规定。

（4）温升

温升是衡量动力电机在规定工作条件下持续工作的能力。温升与电机的材料、结构、工况和环境条件等均相关。

1）绕组温升，根据不同的工作条件，应选择载荷谱加载温升试验、额定最大持续功率温升试验或者短时最大功率温升试验，并规定动力电机的安装方式和冷却方式等试验条件。电机绕组温升限值应符合附表 3-1 的要求。

附表 3-1　绕组温升限值

耐热等级	温升限值 /K
130（B）	80
155（F）	105
180（H）	130
200（N）	150
220（R）	170

注：对于全封闭式的动力电机，表中所述的绕组温升限值增加 10K。

2）电机其他部分温升，对标明了工作制的动力电机，应在额定工况下进行试验。对连续定额的电机应试验直至热稳定。电机各部分的温升和温度均应满足下述要求：

① 动力电机其他部分应按 GB/T 755—2008（IEC60034-1）《旋转电机 定额和性能》及后续版本规定的运行条件进行试验。

● 电机铁心等的温升限值、测量方法和修正值按 GB 755—2008（IEC60034-1）及后续版本规定。

● 轴承温度的测量方法按 GB 755—2008（IEC60034-1）及后续版本规定，轴承温度限值应符合产品技术规定。

② 接线盒内各部件的最高允许温度应满足 GB/T 14711—2013《中小型旋转电机通用安全要求》及后续版本的规定。

（5）材料和制造

1）动力电机使用的材料和零部件应当符合与预期设计条件相适应的工业规范或军用规范，或者通过试验（或其它手段）建立的局方可接受的设计数据。

2）动力电机使用的所有材料和零部件，考虑预期服役环境条件的影响，评估所用材料的适用性和耐久性，防止其在预期使用环境中由于任何可能原因引起性能降低或强度丧失。

3）制造方法和工艺能得到良好的结构和装置，电气系统在合理的服役条件下能够保持其设计性能，其中考虑腐蚀、绝缘破损等退化影响。

（6）防火

1）动力电机的设计和构造及所使用的材料应当在电机正常运行及失效条件下使着火和火焰蔓延的可能性减至最小，并且应当将此类火情的影响降至最低。

2）动力电机的设计和构造应当将可能导致结构失效或危害性电机后果的内部火情发生的可能性降至最低，应当有措施隔离和降低其对航空器的危害。高压电线互联系统应当能够防止电弧故障，对未保护的电线应当进行分析表明电弧故障不会导致危害性后果。

3）如果使用易燃液体，应当表明安装构件和安装特性是防火的。应当在安装手册中说明使用了易燃液体，以便（在飞机级）决定是否需要建立其它防火区。

（7）耐久性

在定检、大修或局方要求的强制性措施之间，动力电机的设计和构造必须最大限度地减少电机不安全状况的产生。

（8）载荷

动力电机的设计和构造应当使其在所有载荷条件下都能正常工作。

（9）应力

动力电机的机械应力、电应力和热应力分析必须表明足够的设计裕度，以防止不可接受的运行特性和危害性电机后果。动力电机的最大应力不得超过最小材料特性。

1）机械应力：①动力电机机壳上任何零部件的材料都应能承受正常工作状态时可能发生的高温和机械应力，不会因弯曲、蠕变、变形而导致发生着火和触电危险；②动力电机输出轴在运行时应能承受一定的轴向及径向载荷，并能保证其机械结构在寿命周期内不发生有害变形，电机性能不出现衰减；③还考虑电机的疲劳性能以及振动环境要求。

2）电应力：动力电机的结构应使电气间隙和爬电距离足够承受电机可能产生的电应力。电气间隙与爬电距离应满足 GB/T 14711—2013 及后续版本的规定。

3）热应力：必须对动力电机的热应力进行分析。

（10）振动

1）动力电机的设计和构造应当使其在转子转速和输出功率的正常运行范围内（包括所定义的正常超限）工作，不会由于振动而引起动力电机任何零部件的过大应力，也不会将过大的振动力传递给飞机结构。

2）除了评估由机械、空气动力、声学激励等传统振动源引发的振动外，还应评估由于励磁引起的旋转部件共振。

3）应当评估由动力电机故障条件引起的激振力对振动特性的影响，并表明不会导致危害性电机后果。

（11）转子完整性和超速

动力电机的转子完整性和超速应满足 ASTM F3338-21 中 5.9 及后续版本的规定。

（12）转子包容性

动力电机机壳的设计应当对因转子失效引起的破坏具有包容性，除非申请人能够表明转子有爆裂裕度，证明不需要包容性特征是合理的。

（13）持续转动

飞行中如果动力电机停车后，主转动系统仍然维持转动的状态，这种转动应当在"安全分析"中评估，并且不得导致任何不可接受的后果：

1）动力电机停止工作后的转子旋转不会对电机产生危害，反电势不会导致电机和相关系统发生灾难性故障。

2）如果提供了在断电运行时将后级驱动与动力电机分离或防止反转驱动的装置，对这些装置的安全性进行分析和证明，以表明在故障或意外操作时不会引入额外的危险。

（14）安全分析

1）应当对动力电机所有预期可能发生的失效状态的影响后果进行评估分析，表明电机的设计和构造支持预定飞机用途符合审定基础中的定性（包括研制保证）和定量安全目标。

2）动力电机某些特定元件的原发失效不能进行合理的数值估计，如果这些元件的失效有可能导致危害性电机后果，或者危害性、灾难性飞机后果，这些元件应当被定义为限寿件，满足 ASTM F3338-21 中 5.15 规定的完整性要求，同时应当在安全分析中说明这些情况。

3）如果安全分析包含维护、检测和运行要求，应当对这些要求进行证实，并在相应手册中予以明确。

4）动力电机失效后果等级。除非局方另有批准并在安全分析中已有说明，以下失效定义适用于动力电机：

① 如果一台动力电机失效，其唯一后果是该电机部分或全部功率丧失，这种失效应认为是轻微电机后果。

② 严重程度介于轻微电机后果和危害性电机后果之间的后果是重要电机后果。

③ 以下后果被认为是危害性电机后果：

● 高能碎片非包容；

● 与驾驶员指令的功率方向相反的较大的制动功率；

● 不可控的火情；

● 动力电机安装失效，导致电机意外脱开；

● 螺旋桨、风扇或螺旋桨、风扇的某些主要部分由于动力电机引起松开（如适用）；

● 完全无法关停动力电机；

● 由于触电导致机组人员、乘客或地勤人员严重或致命伤害；

● 冷却系统失效或超负载时不会出现爆炸、抛射、着火或高温溢出等影响安全的问题。

（15）关键部件和限寿件

动力电机的关键部件和限寿件应满足 ASTM F3338-21《通用航空飞机电动发动机设计标准规范》中 5.15 及后续版本的规定。

（16）外物撞击

1）任何可能来源（异物、鸟、冰、冰雹）的外物撞击不得导致 ASTM F3338-21 中 5.14 所定义的危害性电机后果或不可接受的功率损失。

2）在整个动力电机运行范围内，吸雨不得导致电机异常运行，如停机、功率损失、不稳定运行或功率振荡。

3）未评估的吸入源（异物）必须在动力电机安装手册中声明。

（17）轴承和润滑

1）动力电机轴承的设计和构造必须确保其在预计运行的所有飞行姿态和大气条件下，在计划维护间隔期间正常工作。轴承应保持有效润滑，防止轴承损害。

2）润滑系统的设计必须防止污染轴承和润滑系统部件，电机应设置阻挡润滑油或润滑脂沿转轴渗入电动机内部的挡油或脂装置，以防影响绕组性能。润滑系统的所有部分不能容忍可能存在于润滑剂中的污染物，或以其它方式将污染物引入润滑系统，以防止损坏动力电机和设备。并在规定的维修间隔内，润滑系统具有足够的承受污染物的能力。

3）润滑系统若存在高压、高温管路，不得对人员安全造成影响。润滑系统所用油液等不应导致人员中毒或腐蚀可能。

4）动力电机均应设置检测轴承温度的装置。

5）动力电机应有防止轴电流的措施，避免造成轴承损害。电机轴电压一般其峰 - 峰值不应超过 1V。需要设置绝缘轴承防护轴电压和轴承电流。

（18）冷却系统

1）动力电机的冷却系统设计和构造应当使其能够在预计运行的所有飞行姿态和大气条件下都能提供足够的冷却。

2）如果动力电机的冷却方面要求安装人员确保满足温度限制，这些限制必须在安装手册中规定。

3）电机需要配备传感器或者仪表，使机组人员或自动控制系统能够监控电机冷却系统的功能。除非在相关手册中公布了适当的检查，并有证据表明：①冷却系统故障不会导致"安全分析"中定义的危害性电机后果；或②其它位置的传感器可以满足监控要求，对故障或即将发生故障的充分警告；或③冷却系统发生故障的概率极小。

4）带有液体冷却系统的动力电机，冷却管路应能承受 1.5 倍设计工作压力，稳定 30min。同时应能承受 1.25 倍设计工作压力，稳定 2h，所有连接处无泄漏和压力下降。

（19）试验验证

1）动力电机的试验验证应满足 ASTM F3338-21 中 5.21、5.22 及后续版本的规定。必须通过试验、经验证的分析来或两者组合证实动力电机符合持久性、耐久性、耐振动、超扭矩、超温、校准试验、运行试验、功率响应、转子锁定试验的要求。

2）除此之外，若该动力电机类型为永磁电机，还应按照 GB/T 25123.4—2015《电力牵引轨道机车车辆和公路车辆用旋转电机 第 4 部分：与电子变流器相连的永磁同步电机》要求开展防失磁能力校验试验。

（20）拆解检查

动力电机的拆解检查应满足 ASTM F3338-21 中 5.23 及后续版本的规定。

（21）特定工作特性

1）如果动力电机设计为与螺旋桨或飞机旋翼一起，则所有适用的验证应当装上具有代表性的螺旋桨或飞机旋翼进行。

2）审定所希望的其它特定工作特性，应当通过特定试验或对持久性、耐久性试验的补充试验来验证。同时带螺旋桨在超限负载条件试验时，不应出现多余抛射物或射桨故障。对未经过适航鉴定产品试验时，应保证相关试验在安全隔离环境下进行。

3）对于每一声明的持续时间为 2min 或更短的额定值，应当验证动力电机可以在其温度限制加上适当的裕度保持运行。

6. 环境试验要求

除另有规定外，电推进系统动力电机应按照 RTCA/DO-160G 及后续版本的第 4、5、6、7、8、10、12、13、14、20、21、22、23、24 章和 26 章的要求进行相关试验。

附录4　CTSO-2C612《电推进系统动力电机控制器最低性能》标准草案

本附录规定了电推进系统动力电机控制器的最低性能标准。

电推进系统动力电机控制器用于控制动力电机运行的装置，应由以下两个基本部件组成：

1）电子控制器：接受控制指令，根据传感器提供的反馈信息，对转矩、速度、位置等进行动力电机闭环控制。

2）功率逆变器：将直流（DC）变为交流（AC）的电力电子装置或电路。通常集成逆变器向动力电机输送功率。

1. 术语和定义

1）逆变器：将直流（DC）变为交流（AC）的电力电子装置或电路。电机控制器通常与逆变器集成一起，驱动控制电机工作。

2）电机控制器：一种或多个用于控制电机运行的装置，用于启动或关断电机、控制电机转向和转速、调节或限制扭矩以及防止过载和故障。逆变器是电机控制器的一部分。

3）工作制：电机控制器中的逆变器典型的工作制，包括连续、短时、周期性或非周期性几种类型。周期性工作制包括一种或多种规定了持续时间的额定负载。非周期性工作制中的负载和转速通常在允许的运行范围内变化。

4）额定功率：在标准大气条件下规定的高度，本标准规定的电机控制器运行限制内，输入定电压时，能够长期稳定输出而不超过规定极限的最大有功功率。

5）额定连续输出电流：在标准大气条件下规定的高度，在规定工作条件下，能够连续输出而不超过规定极限的最大方均根电流。

6）瞬态最大电流：在标准大气条件下规定的高度，在本标准规定的电机控制器运行限制内，很短时间内输出超过额定值的方均根电流最大值。

7）最大过载电流（过载能力）：在规定的时间内能够输出、但不超过规定运行条件下设定限值的最大电流。

8）额定最大持续功率：在标准大气条件下规定的高度，本标准规定的电机控制器运行限制范围内，经批准的静止或飞行状态下的有功功率，并且该功率无使用时间限制。

9）短时最大功率（额定起飞功率、峰值功率）：标准海平面条件下，在本标准规定的电机控制器运行限制内，允许超出额定值的静态最大有功功率，仅限于起飞期间并且使用时间不超过 5min。

10）应急额定值：指在故障导致螺旋桨、变速器等电机驱动输出部件出现功率、推力或升力损失时，要求电机控制器应急输出用于补偿功率或者推力损失的额定功率值。

11）最高额定工作温度：在标准大气条件下规定的高度，在本标准规定的电机控制器运行限制内，允许使用的最高工作温度。

12）最高、最低持续工作温度：在标准大气条件下规定的高度，在本标准规定的电机控制器运行限制内，持续工作而不损坏的最高和最低工作温度。

13）最高、最低持续工作电压：在标准大气条件下规定的高度，在本标准规定的电机控制器运行限制内，正常工作而不损坏持续输入的最高和最低工作电压。

2. 工作制和电压范围

工作制等级满足 GB/T 3859.1—2013《半导体变流器通用要求和电网换相变流器 第 1-1 部分：基本要求规范》中 6.5 工作制及后续版本的规定。输入电压范围满足 GB/T 39567—2020《多旋翼无人机用无刷伺服电动机系统通用规范》中 5.2.4 工作电压范围及后续版本的规定。

3. 额定值和运行限制

基于各种适用的运行条件确定电机控制器的额定值、运行限制和安全运行所必需的任何其它信息，并由局方批准。

电机控制器必须确保其不超过安全运行的任何限制，包括故障情况下、控制模式转换及通道切换过程中，功率、电压、电流、工作温度及持续时间限制：

1）最高、最低持续工作电压。

2）最高、最低持续工作温度。

3）额定工作电压、电流、温度。

4）额定功率。

5）短时工作电流和最大工作电流。

6）瞬态最大电流和持续时间。

7）最大过载电流和持续时间。

8）额定最大持续功率、短时最大功率（峰值功率）。

9）应急额定值和持续时间（如适用，与特定失效状态相关）。

10）如采用液冷，应限定冷却液等级或规格：流量、流速及介质温度。

4. 最低性能要求

（1）壳体机械强度

壳体机械强度应满足 GB/T 18488.1—2015《电动汽车用驱动电机系统 第 1 部分：技术条件》中 5.2.4 驱动电机控制器壳体机械强度及后续版本的规定。

（2）冷却

1）电机控制器的冷却设计和构造应当使其能够在预计运行的所有飞行姿态和大气条件下，都能提供足够的冷却。

2）应当在安装说明中声明所依赖的安装条件或安装要求。

3）所有批准的冷却剂和添加剂应当在安装和运行说明中声明。如采用液冷，冷却回路密封性能符合 GB/T 18488.1—2015 中 5.2.5 液冷系统冷却回路密封性能及后续版本的规定。

（3）防火

1）电机控制器的设计和构造及所使用的材料应当在控制器正常运行及失效条件下使着火和火焰蔓延的可能性减至最小，并且应当将此类火情的影响降至最低。

2）电机控制器的设计和构造应当将可能导致失效或危害性电机后果的内部火情发生的可能性降至最低。高压电线互联系统应当能够防止电弧故障，对未保护的电线应当进行分析表明电弧故障不会导致危害性后果。

3）电机控制器连接电线和电缆的绝缘层必须是自熄的，与电缆安装有关且电路过载或故障时可能过热的任何设备必须是阻燃的。

4）如果使用易燃液体，应当表明安装构件和安装特性是防火的。应当在安装手册中说明使用了易燃液体，以便（在飞机级）决定是否需要建立其它防火区。同时必须有措施尽量减少液体和蒸气被点燃的概率以及被点燃后的危害。

（4）电气安全

1）绝缘电阻，绝缘电阻应符合 GB/T 35856—2018《飞机电气设备绝缘电阻和耐压试验方法》中 4.2 绝缘电阻及后续版本的规定。

2）介电强度（工频耐压）应除满足 GB/T 18488.1—2015 中 5.2.8.2.3 控制器工频耐压及后续版本的规定之外，还应考虑海拔高度对工频耐压的影响。

3）电机控制器中各带电电路之间以及带电部件、导电部件、接地部件之间的电气间隙和爬电距离应满足 GB/T 12668.501—2013（IEC61800-4-1：2007）《调速电气传动系统 第 5-1 部分：安全要求 电气、热和能量》中 4.3.6.4 电气间隙、4.3.6.5 爬电距离及后续版本的规定。

4）安全接地满足 GB/T 18488.1—2015 中 5.5.1 安全接地检查及后续版本的规定。

5）高压放电要求满足 GB/T 18488.1—2015 中 5.5.3 驱动电机控制器支撑电容放电时间要求及后续版本的规定。

（5）控制功能

电机控制器必须设计成，不会出现任何不可接受的运行特性，或超出其任何运行限制，并能够在预期飞机应用的审定飞行包线内，履行预期功能。包括：

1）以足够的灵敏度响应飞行员指令，调节电机功率，在不断变化的大气条件下保持相关控制参数的选定值。

2）提供迅速关停电推进系统具有旋转部件的任何子系统，并能迅速隔离可能危害飞机的部件。

3）控制转换满足 CCAR-33-R2 第 33.28 条控制转换及后续版本的规定外，还应满足不可接受的运行特性包括但不限于：①失控。②停机。

（6）运行特性

电机控制器能够在预期飞机应用的审定飞行包线内实现预期的控制，不会出现任何不可接受的运行特性，或超出其任何运行限制：

1）稳定性，控制电机输出功率稳定，除了满足 CCAR-33-R2 第 33.28 条功能方面的规定外，还应满足不会产生不可接受的自激振荡，系统共振情况下的幅值、频率限制不能导致危险发动机后果。

2）控制灵敏度满足 CCAR-33-R2 第 33.28 条功能方面及后续版本的规定。

3）控制精度满足 GB/T 18488.1—2015 中 5.4.10 精度及后续版本的规定。

4）转速和转矩响应满足 GB/T 18488.1—2015 中 5.4.11 响应时间及后续版本的规定。

（7）启动特性

带负载起动的能力和动态工作时的性能，控制器应保证在额定负载下可靠启动，应具有软启动特性，启动电流不大于 1.3 倍额定电流，启动时间根据电机负载特性确定。

（8）馈电特性

馈电特性满足 GB/T 18488.1—2015 中 5.4.13 馈电特性及后续版本的规定之外，还应满足：在电推进系统动力电机因惯性旋转或被拖动旋转时，电机运行于发电状态，通过电机控制器应能向电源馈电，馈电电压范围、电流的大小和效率应保证电推进系统是安全的，不会造成危害性电机后果。

（9）温升特性

电机控制器在规定的额定工况下工作至温度稳定（当温度变化不超过 1K/h，即认为达到稳定温度），主要部位的温升满足 GB/T 3859.1—2013《半导体变流器通用要求和电网换相变流器　第 1-1 部分：基本要求规范》中 7.4.2 中变流器各部分的温升限值及专用产品技术规定。

（10）过载能力

过载能力满足航空工业标准 HB 7282-96 或者 GB/T 12668.1—2002（IEC61800-1：1997）《调速电气传动系统　第 1 部分：一般要求　低压直流调速电气传动系统额定值的规定》中 5.2.2 过载能力及后续版本的规定。

（11）保护功能

电机控制器保护功能应当提供方法来测试或检查为符合安全分析要求所必要的保护，应当表明在测试 / 检查和维护间隔内，保护功能可用。保护功能包括但不限于：

1）超限保护：过压、欠压、过流、过热、过载、超速保护。过压、欠压、过热故障排除后应具备自动恢复工作的能力。

2）故障保护：短路、反接保护、相序保护、故障保护（冷却系统故障、软件故障、功率器件模块故障、传感器信号故障）。

（12）信息安全保护

电机控制器（包括网络、软件和数据）的设计和安装应当确保其免受可能蓄意未授权的电子交互影响，导致不利的动力电机影响。对安保风险和漏洞应当识别、评估和进行必要的削弱。应当提供持续适航程序和说明，以确保维持动力电机控制的安全保护。

（13）安全性分析

对电机控制器进行安全性分析，安全性必须满足 CCAR-33-R2 第 33.28 条及后续版本的规定。

（14）飞机提供的数据

1）飞机提供数据的丢失、中断或损坏能够被检测和调节。调节后对电机输出转矩或功率、运行特性以及软起动特性的影响能够接受。不得导致不可接受的电机功率变化或运行、启动特性改变。

2）传感器及其数据传输硬件和信号调理电路应当在必要的范围内进行电气和物理隔离，以保证从仪表和监控功能向控制功能传播故障的概率，或反向传播故障的概率，与该故障的失效后果一致。

3）评估数据的丢失、中断或损坏在审定飞行包线和运行环境中对电机输出转矩或功率、运行特性以及软起动特性的影响，在安装和运行说明中给出。

（15）应急额定值可用性

具有应急额定值的动力电机，应在电机控制器运行限制内提供应急额定值自动可用性，以及自动控制应急额定功率的方法或措施。

5. 功能测试及性能试验

进行电机控制器功能及性能测试，分析表明在其声明的整个飞行包线和运行范围内具有预期的功能，具有合适的运行特性，包括：启停测试试验，控制灵敏度、控制精度和控制响应试验，馈电特性、温升特性、启动特性试验，控制转换测试试验，保护功能试验，故障保护试验。保护功能试验包含短路、过压、欠压、过流、过热、过载、超速和反接保护；故障保护试验包含冷却故障、软件故障、功率器件模块故障、传感器信号故障。

6. 环境试验要求

除另有规定外，动力电机控制器应满足如下环境试验要求：按照 RTCA/DO-160G 及后续版本的第 4、5、6、7、8、10、12、13、14、20、21、22、23、24

章和 26 章的要求进行相关试验。

 附录 5　电动飞机电推进系统试飞试验

1. 电动飞机电推进系统（工作特性）试飞试验

为验证电动飞机电推进系统飞行环境适应性（工作特性），同时验证电动飞机对 CCAR-23-R3《正常类、实用类、特技类和通勤类飞机适航规定》第 23.901 条安装及第 23.939 条动力装置的工作特性符合性，进行电动飞机电推进系统（工作特性）试飞试验。该试验使用的测试设备主要为测振仪。试验过程中，通过测振仪测量仪表板振动值，测试点在仪表板的正上方。试飞方法主要有两种：5 边起落航线试飞和最大使用高度试飞。

2. 电动飞机电推进系统（冷却）试飞试验

为验证电动飞机电推进系统飞行环境适应性（冷却），验证电动飞机对 CCAR-23-R3《正常类、实用类、特技类和通勤类飞机适航规定》第 23.1041 条、第 23.1043 条、第 23.1301 条、第 23.1309 条的符合性，进行电动飞机电推进系统（冷却）试飞试验。试飞方法主要有两种：5 边起落航线试飞和最大使用高度试飞。冷却系统若在规定飞行范围和工作范围内的冷却效果能够保证电推进装置所有部件保持在对这些部件所限定的温度限制以内，则认为其符合相应的要求。

3. 电动飞机电推进系统（空中启动）试飞试验

为验证电动飞机电推进系统空中启动及持续旋转试验，验证电动飞机对《电动飞机电推进系统（EPU）专用条件》第 9 条持续旋转、CCAR-23-R3《正常类、实用类、特技类和通勤类飞机适航规定》第 23.903 发动机、第 1309 "设备、系统及安装"相关内容的符合性，特进行电动飞机电推进系统（空中启动）试飞试验。在指定航线下的试飞方法如下所示：

1）高度 6000~10000ft，襟翼收起（对应附图 5-1 第四、五、六阶段）。

2）飞机达到预定高度，油门杆收至最低位。

3）保持空速 85kts±5kts，稳定下滑。

4）关闭"电机启动"开关。

5）过程中关注动力系统状态以及飞机飞行状态。

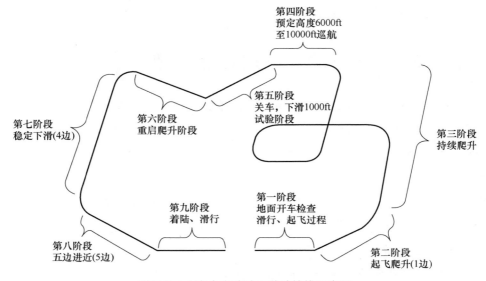

第四阶段
预定高度6000ft
至10000ft巡航

第五阶段
关车，下滑1000ft
试验阶段

第七阶段
稳定下滑(4边)

第六阶段
重启爬升阶段

第三阶段
持续爬升

第九阶段
着陆、滑行

第一阶段
地面开车检查
滑行、起飞过程

第八阶段
五边进近(5边)

第二阶段
起飞爬升(1边)

附图 5-1　空中启动试飞试验航线示意图

6）下降 1000ft 后，确认油门最低位。

7）打开"电机启动"开关。

8）油门推至最高位。

9）保持指示空速 75kts ± 5kts 爬升 1000ft（恢复试验初始预定高度）。

若所得试验结果满足合格判据，则认为系统符合相应的要求。

4. 电动飞机噪声试飞试验

进行电动飞机噪声试验的主要目的，是验证电动飞机对 CCAR-36-R2《航空器型号和适航合格审定噪声规定》中第 G36.1 条、第 G36.101 条、第 G36.103 条、第 G36.105 条、第 G36.107 条、第 G36.109 条、第 G36.111 条、第 G36.201 条、第 G36.203 条、第 G36.301 条适航条款的符合性。

试验方法为使用噪声特性测试装置及系统，测试飞机按照由基准试验条件和航迹制定要求确定的噪声试验的起飞基准航迹飞行时所产生的噪声特性。为提高效率，实际试验采用了航迹切入的等效程序。当在试验环境条件许可情况下，测试所得的噪声声压级不超过 82.3dB 时，则认为试验合格。

5. 电动飞机最小飞行机组试飞测试

进行电动飞机最小飞行机组工作负荷测试试验，以验证最小飞行机组在各种工作情况下的工作负荷满足要求。

　　试验时飞行员位于左侧驾驶位，观察员位于右侧驾驶位。按所列试验项目进行飞行试验，飞行员对每项科目工作负荷进行评估，观察员对飞行员状态及完成质量进行记录。针对每个试验项目，飞行员可以要求重复进行，直至准确得出该项内容的工作负荷评分。试验主要采取主观评估法对试验负荷进行评估，由飞行员打分、观察员记录评估及飞行员评价三部分组成。

参 考 文 献

［1］中国民用航空局.中国民用航空规章第23部正常类飞机适航规定：CCAR-23-R4［S］.2022.

［2］中国民用航空局.中国民用航空规章第33部航空发动机适航规定：CCAR-33-R2［S］.2016.

［3］ASTM. Standard Specification for Design of Electric Engines for General Aviation Aircraft：ASTM. F3338-21［S］. West Conshohocken：ASTM International，2021.

［4］RTCA. Environmental Conditions and Test Procedures for Airborne Equipment：RTCA/DO-160G［S］.2010.

［5］中国航空综合技术研究所.飞机电机基本技术要求：HB 6-73—1976［S］.北京：中国标准出版社，1976.

［6］全国旋转电机标准化技术委员会.旋转电机 定额和性能：GB/T 755—2019［S］.北京：中国标准出版社，2019.

［7］全国旋转电机标准化技术委员会.中小型旋转电机通用安全要求：GB/T 14711—2013［S］.北京：中国标准出版社，2013.

［8］全国微电机标准化技术委员会.多旋翼无人机用无刷伺服电动机系统通用规范：GB/T 39567—2020［S］.北京：中国标准出版社，2020.

［9］全国牵引电气设备与系统标准化技术委员会.电力牵引 轨道机车车辆和公路车辆用旋转电机 第2部分：电子变流器供电的交流电动机：GB/T 25123.2—2018［S］.北京：中国标准出版社，2018.

［10］全国汽车标准化技术委员会.电动汽车用驱动电机系统 第1部分：技术条件：GB/T 18488.1—2015［S］.北京：中国标准出版社，2015.

［11］全国船舶电气及电子设备标准化技术委员会.船舶电气设备 发电机和电动机：GB/T 35712—2017［S］.北京：中国标准出版社，2017.

［12］中国航空综合技术研究所.民用航空器发动机驱动的直流发电机和起动发电机及发电机控制器最低性能要求：HB 7284—1996［S］.北京：中国标准出版社，1996.

［13］国家标准化管理委员会.飞机电气设备绝缘电阻和耐电压试验方法：GB/T 35856—2018［S］.北京：中国标准出版社，2018.

［14］全国电力电子学标准化技术委员会.调速电气传动系统 第5-1部分：安全要求 电气、热和能量：GB 12668.501—2013［S］.北京：中国标准出版社，2013.

［15］全国电力电子学标准化技术委员会.半导体变流器 通用要求和电网换相变流器 第1-1部分：基本要求规范：GB/T 3859.1—2013［S］.北京：中国标准出版社，2013.

［16］全国牵引电气设备与系统标准化技术委员会.轨道交通 机车车辆用电力变流器第1部分：特性和试验方法：GB/T 25122.1—2018［S］.北京：中国标准出版社，2018.

［17］中国电力企业联合会标准化中心.火电厂风机水泵用高压变频器：DL/T 994—2006［S］.北京：中国电力出版社，2006.

［18］中国航天标准化研究所.航天用直流驱动电机通用技术条件：QJ 1504—1988［S］.北京：中国标准出版社，1988.